双林绫绢织造技艺

双林绫绢织造技艺

总主编 金兴盛

浙江省非物质文化遗产代表作丛书

浙江摄影出版社

孙琳 陆剑 编著

总　序

中共浙江省省委书记
省人大常委会主任　夏宝龙

　　非物质文化遗产是人类历史文明的宝贵记忆，是民族精神文化的显著标识，也是人民群众非凡创造力的重要结晶。保护和传承好非物质文化遗产，对于建设中华民族共同的精神家园、继承和弘扬中华民族优秀传统文化、实现人类文明延续具有重要意义。

　　浙江作为华夏文明发祥地之一，人杰地灵，人文荟萃，创造了悠久璀璨的历史文化，既有珍贵的物质文化遗产，也有同样值得珍视的非物质文化遗产。她们博大精深，丰富多彩，形式多样，蔚为壮观，千百年来薪火相传，生生不息。这些非物质文化遗产是浙江源远流长的优秀历史文化的积淀，是浙江人民引以自豪的宝贵文化财富，彰显了浙江地域文化、精神内涵和道德传统，在中华优秀历史文明中熠熠生辉。

　　人民创造非物质文化遗产，非物质文化遗产属于人民。为传承我们的文化血脉，维护共有的精神家园，造福子孙后代，我们有责任进一步保护好、传承好、弘扬好非物质文化遗产。这不仅是一种文化自觉，是对人民文化创造者的尊重，更是我们必须担当和完成好的历史使命。对我省列入国家级非物质文化遗产保护名录的项目一项一册，编纂"浙江省非物质文化遗产代表作丛书"，就是履行保护传承使命的具体实践，功在当代，惠及后世，有利于群众了解过去，以史为鉴，对优秀传统文化更加自珍、自爱、自觉；有利于我们面向未来，砥砺勇气，以自强不息的精神，加快富民强省的步伐。

党的十七届六中全会指出，要建设优秀传统文化传承体系，维护民族文化基本元素，抓好非物质文化遗产保护传承，共同弘扬中华优秀传统文化，建设中华民族共有的精神家园。这为非物质文化遗产保护工作指明了方向。我们要按照"保护为主、抢救第一、合理利用、传承发展"的方针，继续推动浙江非物质文化遗产保护事业，与社会各方共同努力，传承好、弘扬好我省非物质文化遗产，为增强浙江文化软实力、推动浙江文化大发展大繁荣作出贡献！

（本序是夏宝龙同志任浙江省人民政府省长时所作）

前 言

浙江省文化厅厅长　金兴盛

国务院已先后公布了三批国家级非物质文化遗产名录，我省荣获"三连冠"。国家级非物质文化遗产项目，具有重要的历史、文化、科学价值，具有典型性和代表性，是我们民族文化的基因、民族智慧的象征、民族精神的结晶，是历史文化的活化石，也是人类文化创造力的历史见证和人类文化多样性的生动展现。

为了保护好我省这些珍贵的文化资源，充分展示其独特的魅力，激发全社会参与"非遗"保护的文化自觉，自2007年始，浙江省文化厅、浙江省财政厅联合组织编撰"浙江省非物质文化遗产代表作丛书"。这套以浙江的国家级非物质文化遗产名录项目为内容的大型丛书，为每个"国遗"项目单独设卷，进行生动而全面的介绍，分期分批编撰出版。这套丛书力求体现知识性、可读性和史料性，兼具学术性。通过这一形式，对我省"国遗"项目进行系统的整理和记录，进行普及和宣传；通过这套丛书，可以对我省入选"国遗"的项目有一个透彻的认识和全面的了解。做好优秀传统文化的宣传推广，为弘扬中华优秀传统文化贡献一份力量，这是我们编撰这套丛书的初衷。

地域的文化差异和历史发展进程中的文化变迁，造就了形形色色、别致多样的非物质文化遗产。譬如穿越时空的水乡社戏，流传不绝的绍剧，声声入情的畲族民歌，活灵活现的平阳木偶戏，奇雄慧黠的永康九狮图，淳朴天然的浦江麦秆剪贴，如玉温润的黄岩翻簧竹雕，情深意长的双林绫绢织造技艺，一唱三叹的四明南词，意境悠远的浙派古琴，唯美清扬的临海词调，轻舞飞扬的青田鱼灯，势如奔雷的余杭滚灯，风情浓郁的畲族三月三，岁月留痕的绍兴石桥营造技艺，等等，这些中华文化符号就在我们身边，可以感知，可以赞美，可以惊叹。这些令人叹为观止的丰厚的文化遗产，经历了漫长的岁月，承载着五千年的历史文明，逐渐沉淀成为中华民族的精神性格和气质中不可替代的文化传统，并且深深地融入中华民族的精神血脉之中，积淀并润泽着当代民众和子孙后代的精神家园。

岁月更迭，物换星移。非物质文化遗产的璀璨绚丽，并不意味着它们会永远存在下去。随着经济全球化趋势的加快，非物质文化遗产的生存环境不断受到威胁，许多非物质文化遗产已经斑驳和脆弱，假如这个传承链在某个环节中断，它们也将随风飘逝。尊重历史，珍爱先人的创造，保护好、继承好、弘扬好人民群众的天才创造，传承和发展祖国的优秀文化传统，在今天显得如此迫切，如此重要，如此有意义。

非物质文化遗产所蕴含着的特有的精神价值、思维方式和创造能力，以一种无形的方式承续着中华文化之魂。浙江共有国家级非物质文化遗产项目187项，成为我国非物质文化遗产体系中不可或缺的重要内容。第一批"国遗"44个项目已全部出书；此次编撰出版的第二批"国遗"85个项目，是对原有工作的一种延续，将于2014年初全部出版；我们已部署第三批"国遗"58个项目的编撰出版工作。这项堪称工程浩大的工作，是我省"非遗"保护事业不断向纵深推进的标识之一，也是我省全面推进"国遗"项目保护的重要举措。出版这套丛书，是延续浙江历史人文脉络、推进文化强省建设的需要，也是建设社会主义核心价值体系的需要。

在浙江省委、省政府的高度重视下，我省坚持依法保护和科学保护，长远规划、分步实施，点面结合、讲求实效。以国家级项目保护为重点，以濒危项目保护为优先，以代表性传承人保护为核心，以文化传承发展为目标，采取有力措施，使非物质文化遗产在全社会得到确认、尊重和弘扬。由政府主导的这项宏伟事业，特别需要社会各界的携手参与，尤其需要学术理论界的关心与指导，上下同心，各方协力，共同担负起保护"非遗"的崇高责任。我省"非遗"事业蓬勃开展，呈现出一派兴旺的景象。

"非遗"事业已十年。十年追梦，十年变化，我们从一点一滴做起，一步一个脚印地前行。我省在不断推进"非遗"保护的进程中，守护着历史的光辉。未来十年"非遗"前行路，我们将坚守历史和时代赋予我们的光荣而艰巨的使命，再坚持，再努力，为促进"两富"现代化浙江建设，建设文化强省，续写中华文明的灿烂篇章作出积极贡献！

2013年11月20日

目录

　　"轻如朝雾，薄似蝉翼"的双林绫绢，质地柔软，色泽光亮，花形雅致，古意盎然，具有浓郁的民族特色，被誉为"丝织工艺之花"。其原产地双林镇系江南知名的文化重镇，得苕溪之润，分太湖之波，碧波荡漾，家家临水，素以盛产绫绢而驰名中外。

　　双林镇地处湖州市南浔区之西南，历史源远流长，文化底蕴深厚。勤劳智慧的南浔人民创造了灿烂的蚕桑文化、丝绸文化、湖笔文化、渔文化、建筑文化、园林文化等独具特色的地域文化，是江南文化的重要发祥地，其桑基鱼塘、辑里湖丝、双林绫绢、善琏湖笔皆蜚声海内外，其中，辑里湖丝织造技艺、双林绫绢织造技艺、湖笔制作技艺三项为国家级非物质文化遗产。

　　双林绫绢，最早可追溯到距今四千七百多年前的新石器时代。三国时期，已有"吴绫蜀锦"的美称。唐宋时期，因其优良的质地，精细的做工，受到文人墨客之青睐，著名诗人白居易曾用"异彩奇文相隐映，转侧看花花不定"的诗句高度赞美之。清末民国初，绫绢织造进入鼎盛期，产量在国内独占鳌头，双林因此成为名副其实的"绫绢之镇"。到了现代，随着社会经济、文化、技术的发展，绫绢的用途也越来越广，被广泛应用于工艺美术、外贸旅游、装饰工艺等，有效地促进了我国服饰文化、工艺美术文化、民俗文化的发展。2008年，双林绫绢被列入第二批国家级非物质文化遗产保护名录。

南浔区委、区政府历来十分重视非物质文化遗产的传承和保护工作，大力推进传统文化产业的发展。为更好地保护、传承双林绫绢织造技艺这一"非遗"奇葩，让这烛照历史的文化瑰宝成为流向未来的精神长河，2010年，南浔区建成了双林绫绢传统织造技艺传承基地，进一步加大扶持力度，有效保护传统织造技艺。双林镇政府也把振兴绫绢作为一项重要工作来抓，充分利用双林镇深厚的文化底蕴，加大对绫绢的宣传力度，计划筹建绫绢传承馆和绫绢专业市场，进一步发挥书画特色，努力把绫绢打造成为双林镇旅游文化的金名片。

《双林绫绢织造技艺》一书正是在这样的背景下应运而生。本书系统地阐述了绫绢的种类、特征、用途、工序、传承、发展和相关民俗，是第一本全面反映绫绢的著作，更是研究绫绢及织造技艺的第一手资料。相信它的出版，必将对绫绢的传承、发展起到积极的促进作用。

在文化大发展、大繁荣的当下，双林绫绢这朵古老的"工艺之花"，必将以她特有的英姿阔步迈向新的时代！

钱红梅

（湖州市南浔区文化体育局党组书记、局长）

双林绫绢概述

绫绢是绫与绢的合称，「花者为绫，素者为绢」，用纯桑蚕丝织制而成。它在我国传统农业工艺品中是占有重要地位的产品，自古以来就是文人墨客代纸作画、写字和装裱书画的必备佳品。

双林绫绢概述

[壹]绫绢的原产地——双林

在我国传统的丝织品——绫、罗、绸、缎中，绫，也就是绫绢居于首位。绫绢是绫与绢的合称，"花者为绫，素者为绢"，用纯桑蚕丝织制而成。它在我国传统农业工艺品中是占有重要地位的产品，自古以来就是文人墨客代纸作画、写字和装裱书画的必备佳品。而要说起生产绫绢的地方，最主要的产地就是湖州市双林镇。其地所

双林镇所属的湖州市南浔区历史悠久、人文昌盛

产绫绢，素以轻如朝雾、薄似蝉翼、质地柔软、色泽光亮著称，是丝织工艺中的一朵奇葩。

　　浙江省湖州市南浔区境内的双林镇，北濒太湖，南接杭州，东望上海，西连湖州，是镶嵌在杭嘉湖平原的一颗璀璨明珠。它历史悠久、经济发达、物产丰富、人文昌盛，是江南有名的水乡古镇。据双林镇附近的洪城和花城古文化遗址发掘考证，早在三四千年前就有先民在此繁衍生息。汉、唐时已成村落，名东林。南宋时，北方商贾随宋室南迁集居于此，故又称商林。林西二里有村，曰西林。明永乐年间，东林衰落，西林兴起。明永乐三年（1405），东林、西林两村合并，正式设镇，并更名为双林，镇名

双林古镇是典型的江南水乡

一直沿用至今。因此，双林是一座拥有六百多年历史的文化名镇。

　　双林镇河道纵横，风光旖旎，是著名的桥乡，古镇域内以桥多、水多闻名，镇内四周环水，津梁相连，传统民居都临水而建，是一派典型的"小桥、流水、人家"的水乡风貌。双林历史上曾有一百五十二座石桥，素有"开窗见河、出门过桥"之说，至今尚有二十一座之多，且形态各异、古朴雅致。虹桥、望月桥两桥秀美雅致，万元桥、化成桥、万魁桥三桥则气势磅礴，金锁桥、耕坞桥、永丰桥、镇安桥、积善桥等也各有特色。它们和河道及两岸传统民居配合，水波桥影，虚实相映，瑰丽多姿，构成了独特的水乡古镇景观视廊。其中以"三桥"为代表的桥文化景观近视依依相望，远眺层层

双林"三桥"

相叠，为江南仅有，具有较高的历史价值和观赏价值，在省内乃至全国有一定的知名度。

双林镇人文荟萃，名家辈出。据史料记载，明清两代双林镇中举者一百十六人，进士及第者二十三人，近现代及当代更是群星璀璨。较著名的有：清代道光六年（1826）平定新疆张格尔叛乱、时任兵部职方司郎中的姚学塽，清代官授户部郎中、精通天文数学的江苏巡抚徐有壬，新中国第一任林业部长、中科院学部委员、林学家梁希，中国书法家协会理事、当代左笔书法家费新我，中科院学部委员、中医学家叶桔泉，丝绸业巨头、实业家莫觞清、蔡声白翁婿，沪上国际贸易的先驱、参加开国典礼的沈子槎，上海沪剧团团长、现代沪剧表演艺术家丁是娥，重走长征路的著名报人、《经济日报》常务副总编罗开富，当代舞蹈表演艺术家姚珠珠……名人大家，不胜枚举。刘伯温、徐文长等历史人物也在双林镇留下史迹和口承传说。

双林镇交通便捷、经济发达。明代陈所志《双林赋》曰："按双溪之巨镇，实归安之沃区，东连携李，北枕姑苏，南峙含山，西带菱湖，系嘉杭之捷径，通吴松之往来。"可见双林镇不仅物产丰富，而且地理位置十分优越。而今的双林镇，交通更为便利，申嘉湖高速、湖盐公路和正在建设中的新318国道穿境而过，黄金水道长湖申航道、湖嘉申线纵贯南北，区位优势明显。双林也是经济强镇，曾多次入选浙江百强乡镇，同时还是省级中心镇、省改革试点小城镇。

双林古镇街景

双林旧绢巷

镇内规模以上企业林立，久立集团、丝得莉集团、先登电工、双狮链动等企业均是同行业的佼佼者，饮誉国内外，为湖州市的工业强镇。

双林古镇地处江南水网地带，是有名的丝绸之府、鱼米之乡，故而民风淳朴，物产丰富。因盛产蚕桑，缫丝业发达，尤以绫绢最为著名。绫绢历史悠久，以"轻、薄、亮、雅"著称，从唐代起，绫绢即为贡品。明代，双林倪家滩村倪家所织的龙绫，龙睛突出，有光泽，世称"倪绫"，为朝廷专用。明嘉靖年间，双林已成为拥有上千家织户的大集镇。据史料记载："吾镇女工以织绢为上，习此者多而出息亦巨,机声鸦轧,晓夜不休,古风可溯。"因此可以说,双林镇的兴起、发展和繁荣与丝织业尤其是绫绢的发展密不可分,称双林为"绫绢之镇"实不为过,而绫绢也已经成为双林的金名片。

[贰]绫绢发展简史

绫绢是真丝织物的两个品种名称,是绫与绢的合称,"花者为绫,素者为绢"。现代的绫与绢,为丝织物大类名称。

绫:属于斜纹组织的织物。斜纹组织的特点是使织物的经纬浮点呈现连续斜向的纹路。绫斜向的纹路又和一般的斜纹不同,实际上是现代纺织学上所说的"变化斜纹组织",多半呈现山形斜纹或正反斜纹。东汉应劭《风俗通》云:"积冰曰绫。"说明绫的纹理细净,似冰凌,故一般认为绫是以斜纹为基础组织,具有如冰凌状特殊光泽效果的丝织物。而织物的斜纹织法在殷商时期就已出现。汉代刘熙的《释名·释采帛》说:"绫,凌也。其文望之如冰凌之理也。"冰的纹理呈"∧"形,具备摇曳的光泽。绫主要用于装裱书画。

绢:平纹组织,质地细腻、平整、挺括的织品。《释名》云:"绢,姬也,其丝姬厚而辣也。"姬,古坚字,嵘同疏。清代朱骏声《说文通训定声》:"绢,粗厚之丝为之。"颜师古注:"绢,生白缯,似缣而疏者也。"说明绢为生织,织后练染,色白质轻,是较粗疏的平纹类丝织物。绢主要用于代纸作画、作书。

双林绫绢的生产历史非常悠久,源远流长。据1958年双林镇西

新石器晚期绢片标本

北的湖州钱山漾新石器时代遗址的考古发掘，发现有未炭化的呈黄褐色的绢片。经测定，系家蚕丝所织，平纹，经密每厘米五十二根，纬密每厘米四十八根，与当今的绢织物结构基本相同。可见在距今四千七百多年前的新石器时代晚期，湖州就有了世界上最早、最精美的丝织绢片。

　　故宫博物院藏品商代玉戈上，留有云雷纹绢的残痕，是早期的绢织物。河南信阳长台关楚墓出土的菱纹绢、湖北江陵马山战国墓出土的龙凤纹绣绢等，其织造技术已十分精湛。从《夏书》开篇的《禹贡》中可见，所分九州之中有六州贡丝绸，数兖、扬二州最华贵。扬州贡"织贝"注说："锦名，织为贝文，诗曰贝锦是也。"双林时属扬州域内。文献又记载，大禹治水后在会稽庆功，"禹合诸侯于涂山，执玉帛者万国"。可见，当时江南已有较大规模绢的生产。

春秋时，双林区境先后属吴、越、楚疆。《采葛妇歌》曰："女工织兮不敢迟，弱于罗兮轻霏霏。号绨素兮将献之，越王悦兮忘罪除。吴王叹兮飞尺书，增封益地赐羽奇。"后历经六朝，又经唐、宋、元三代，双林已成为"丝绸之府"湖州所产丝绸中的绫绢及其丝织品的重要产区。

三国时，湖州隶属东吴，所产绫绢已享盛名，有"吴绫蜀锦"之称。东晋时，绫称吴绫，绢称白练。东晋太元六年（381），王献之任吴兴太守时，已用白练书写。南朝宋时，绫绢已成为当时对外贸易的拳头商品，大批绫绢经由广州等地出口到林邑（越南）、扶南（柬埔寨），以至天竺（印度）、狮子国（斯里兰卡）等南海十多个国家。梁时，因梁武帝小名阿练，避讳改练为绢。

唐代时，绫已非常流行，生产遍及全国。唐武德四年（621），乌程县置贡乌眼绫。开元年间（713—741），岁"贡丝布"。明成化《湖州府志》记载："湖绫，唐时充贡，谓之吴绫。今有二等散丝而织者，名纰绫……"另据《新唐书·地理志》记载，润州有水纹绫、方纹绫、鱼口绫、绣叶绫、花纹绫；苏州有排绫；湖州有御服乌眼绫；杭州有白编绫、绊绫……品种之多，不胜枚举。双林已具相当高的织绫技艺，已能巧妙地运用不同斜纹纺织，互相衬托出花纹，使花形如隐似现。著名诗人白居易曾有"异彩奇文相隐映，转侧看花花不定"的佳句给予绫高度赞美。吴绫、乌眼绫等均为朝廷贡品，并远销日本等国。

宋代时，双林绫绢生产已十分兴旺。湖州设有织绫务，有两个任务，一为朝廷岁贡绫绢，二为朝廷输送织工。宋太平兴国二年（977），京成少府监属下的绫院从湖州织绫务调来织工二十名至汴京。嘉泰《吴兴志》称："湖丝虽遍天下，而湖民身无一缕，可慨！"宋人洪迈《夷坚志》记："湖州陈小八以商贩缣帛至温峪。"还

宋锦

有"秀才六人结伴赴省试,买一百匹绢纱,由仆人挑着去京城临安"等文字,可见,其时绫绢买卖盛行,"行商坐贾之所萃"。时岁贡花绢一万匹、绫五千匹、绸四千匹、丝和绵各五万两,数量相当惊人。双林绫绢的织造与印染、生产与销售已实行专业分工。织户环聚东林织旋漾与西林纱机塌,染绢的皂房则集中在耕坞桥一带,漂洗皂绢,染黑了桥下的清水,"墨浪湖"即由此得名。从此,双林别称"墨浪"。

自元代起,双林绫绢翘楚于东南,开始独占鳌头,东林普光桥东首"有绢庄十座",普光、响铃二桥前后都设绢市,"每晨入市,肩相摩也","凡收绢,黎明入市曰上庄,辰刻散市曰收庄",市中有

双林·墨浪河旧影(黄笃初摄影,黄晓帆提供)

"司岁"、"司月"等主事，绢庄收购机户所售绢纱。至元二十九年（1292）初夏，意大利人马可·波罗在《游记》中写道："当地居民温文尔雅，衣绫罗绸缎，恃工商为活。"

至明永乐三年（1405），东、西两林合并设镇后，绫绢行业更趋发达。其中销往苏州与福建等地的就达十万余匹。明崇祯时，双林已成为拥有机户八千户、从业人员一万六千余人的丝织业大镇，双林也由此成为全国蚕丝织业的贸易重镇。明代学者茅坤说："至于市镇，如吾湖归安之双林……所环人烟，小者数千家，大者万家，即其所聚，当亦不下中州郡县之饶者。"这一时期，绫、绢巧变百出，产品名目繁多，有花有素，轻重兼备。常年生产的绫有包头绫、帽顶绫、乌绫、裱绫、倪绫、安乐绫、板绫等。绢有包头绢、杜生绢、冬生绢、夏生绢、襁绢、官绢、灯绢、裱绢、矾绢等。其中以倪绫、包头绢、包头纱最负盛名。朝廷奏本专用双林的倪绫。据《双林镇志》载："按本镇之绫，以东庄倪氏所织者为佳，名为'倪绫'。盖奏本面用绫，上有二龙，惟倪姓所织龙睛突起而有光，他姓不及也。"倪绫为一时极品。明成化十年（1474）有记："双林包头绉（包头纱，起于明天启年间），唯双林一方人织之。"其中姚氏生产的最为著名，通名"姚本"。包头绢、包头纱唯双林一方人用丝与绵交织而成，均用作妇女首饰与男子裹首罩面防风沙。按其花式，最初只有平纹的清水包头。其后，有四季花、西湖景、百子图、百寿、双蝴蝶、十二鸳鸯、福禄寿喜、八宝龙凤、云鹤、盆景、花篮等。按长度有连为数丈，有开为十方，轻者二三两，重至十五六两。名目有加长、放长、中六、真清、福清、提清、荡胶、缎本、轻长、加阔、连分、西清、行脚地等。明女梁小玉《双林包头》诗赞曰："轻霞薄雾小香罗，傍着蝉鬓香更多。最爱春山缥缈上，横妆一带浅青螺。"

清代，双林镇绫绢生产遍及区境内各乡村，有苕南西阳丁泾一带，纱机塘一带，镇西倪家滩、雉头村、竹巨湾、莫蓉白华桥等地，有机户一千多户，大都自己养蚕、缫织。清康熙四年（1665）正式奉文，按"一条鞭"征解，实行银赋税合一征银。但各类名目甚多，如：合罗丝、串白绵、上白绵、黄白绢、本色绢、农桑绢等依然存在，除丝外，绸绢产量达三千零五十七匹。其中双林所产的倪绫仍达京师，有清代周映清《春蚕词》为证："自古西阮说蜀都，而今产丝只西吴。尚方岁制山龙服，除却湖州处处无。"

绫绢行销各省，且达日本，有龙绫、云鹤、洋花绫、三二素绢、尺八纱、尺六纱诸名，染以彩色，输运各埠，业此者设分庄于上海、苏州，岁值银约十余万元。绫绢生产则形成专业生产规模，除倪绫、包头绢、包头纱外，产品转向以裱绫、裱绢为大宗。裱绫、裱绢主要用于装潢书画，裱绢还用于装饰墙壁。裱绫有龙绫、云鹤绫、洋花绫等；裱绢有三二素绢、尺八纱、尺六纱等。清道光、咸丰年间，绫绢多由小花楼提花机以不同的工艺品种织造。同治中，倪绫世家倪

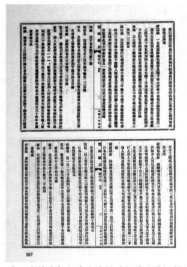

《双林镇志》上关于绫绢的记载（周凯提供）

氏将倪绫工艺传于独生女梅英，梅英嫁与倪家滩王姓后，授技艺于全村及附近的纱机塓、里庄、雉头村等地，并设计生产纹绢、双凤绫、滕玫、喜鹊等新品种，倪绫得以大扬其名。是时，绫绢贸易除丝行、绢庄外，还有各种居间商（贩子）、小商人（拆丝庄）等。清人姚文泰在《双溪棹歌》中咏其盛况云："侵晓衣冠上绢庄，满街灯火似黄昏。吴舻越舶纷来到，姚本风行遍四方。"道光后，杭州、苏州庄家多半仿照绫绢，但"总不及双林之密"。其中冰纱也为双林独造。每匹不过一二两，花素皆备，且善染色。据《双林镇志》记载：当时的绫、绢、包头纱"销福建及温、台等处，沿海舟人用于裹头，盛时销到十余万匹。"而裱绫、裱绢"行销各省且达日本……输行各埠，业此者设分庄于上海、苏州。销路乃更发达，岁值银约十万元。"

　　民国八年至十年（1919—1921），双林绫绢生产进入鼎盛时期。当时，镇上机织作坊和打线、牵经等工场粗具规模，有绫绢专业户和半耕半织者一千多户，境内共有脚踏手拉织机两千多台，从业者达

旧时的绸缎局兼营绫绢生意

五六千人。几乎家家养蚕自缫，户户织绫绢，年产绫绢达240多万米（还不包括其他丝织品）。此后几经兴衰，至抗日战争时期，绫绢生产萎缩而衰落，新中国成立前夕，已处于奄奄一息的状态。

新中国成立之后，绫绢这一传统产业才逐步得以恢复。20世纪50年代初，镇西乡尚有织机六百三十台，莫蓉乡二百五十台，均自产自销，主要生产阔花绫、狭素绫、狭纹绢、灯纱、一丈绢纱等品种，年最高产量为130万米左右。1956年，双林镇上原来的六家红白绢坊合并，改称为双林镇绫绢加工胶坊生产合作社，地点设在双林镇南栅钟秀坊。除了原有各家手工设备和十五台手工提花绫绢机外，还新添装四台脚踏素绢织机。后来，又由十三家织户组建成双林镇绫绢胶坊小组，产品由国家收购及调拨，纳入国家计划。当年每两至三天完成一批染色（大三缸），织造完成1500米至2000米左右，每年可产绫绢2万米左右。1958年，在此基础上，建立吴兴县双林绫绢厂，后改名为湖州市双林绫绢厂。从此，绫绢生产从几千来年的脚踏手拉、单家独户的家庭手工业生产，逐步转向大规模的机械化生产，绫绢的产销也进入"双轨制"运行。湖州市双林绫绢厂成为当时国内唯一的自织、自染的绫绢生产厂。1966年，绫绢丝织品年产量达到14万多米。

"文化大革命"期间，绫绢生产受重挫。到1971年，全厂只有一台织机织绫，年产花绫仅13500米，双林绫绢名存实亡。1976年后，

双林绫绢厂大门（厂名由著名书法家沙孟海题写，引自《湖州丝绸志》）

面临绝境的绫绢生产重放光彩，绫绢产量成倍增长。到1979年，绫绢年产量达到106万余米，首次突破百万米大关。1985年改手工练染为机染，创机制矾绢连续上浆新工艺，年产绫绢204万余米。1990年，双林绫绢厂一家就年产销绫绢100多万米，常年生产绫、绢、锦、纺、装裱绸以及绢制艺术风筝、宫灯、锦盒等工艺系列产品三十多种，有一百多种花形色泽，成为全国最大的自织、自染的绫绢专业厂，产品行销全国，并出口美国、西德、东南亚各国及港澳地区。其中H1926花绫和H1925矾绢在第五届亚太地区博览会上双双获国际金奖，B6001锦绫被评为中国工艺美术"百花奖"创作设计二等奖，H1926花绫还荣获轻工业部颁发的优质产品证书，在国内外声誉卓著。

著名书法家费新我为绫绢题词（引自《湖州丝绸志》）

由于绫的缩水率与宣纸基本一致，所以具有装裱平挺、画面不皱不翘的特点，雍容华贵，古朴文雅，给人以完美的艺术享受。被上海朵云轩、北京荣宝斋、杭州西泠印社等著名书画单位誉为我国"最理想的传统裱画用绫"。我国著名画家叶浅予曾专程访问双林绫绢厂，对双林绫绢赞赏不已。双林籍著名书法家费新我先生，曾作诗《双绫与我》："书画牡丹绫绢叶，一衬一托更增色。雅人谁不想绫裱，绫产双林世无匹。我书我画每整装，常欣花叶一乡出。云游四海壁间赏，俱有双绫在其侧。顿起乡思及我居，旧新门户绫相接。绢飘大地镇骄傲，绫我无联岂可默。"表达他对双林绫绢的无比眷恋之情。绫绢除用于装裱书画和制作工艺品外，还能广泛应用于报刊印刷、书籍封面装帧、古书画的复制等。

跨入21世纪后，双林绫绢生产企业更彰显其灵活性，适合市场需求，不断开发新型产品。双林云鹤绫绢厂根据复制古旧书画的需求，研发出新产品"耿绢"。目前，北京故宫博物院已采用耿绢复制深藏在院内的数千幅古旧字画。在北京奥运会召开之际，绫绢作为国礼赠送给来自世界各地的重要贵宾，双林绫绢这一古代贡品走进了2008北京奥运会，"云鹤"牌祥云图案绫绢作为奥运会冠、亚、季军和获奖运动员的获奖证书封面裱封，使用总量达到15000米。另一家重点绫绢生产企业——湖州天强绫绢工艺品厂，是湖州市丝织工艺品的重点骨干企业，生产的产品主要用于装裱书画和装饰物，利用高密度全像丝织技术和喷绘技术，研制出丝绸版的《兰亭序》、《五牛图》、《富春山居图》、《毛泽东诗词》、《邓小平文选》等，产品供不应求。其中，北宋画家张择端的《清明上河图》被他们

绫绢装裱古籍

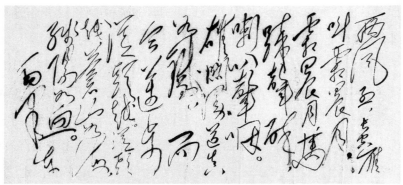

毛主席诗词《忆秦娥·娄山关》绫裱立轴，绢本精制

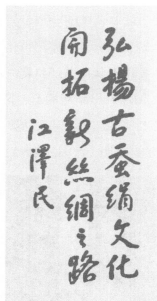

江泽民题字

用绫绢装裱后，由中国丝绸博物馆、中国历史博物馆、中国国家博物馆、故宫博物院等收藏，还在北京人民大会堂展出，江泽民等党和国家领导人前来观赏。双林天工绫绢厂还生产出绫绢邮票，如双林籍名人、新中国首任林业部长梁希的邮票及首日封等，独领风骚。2005年，为纪念中国与阿富汗建交五十周年，中国代表团赴阿富汗随行所带的国礼中，就有一份特别礼品——两万枚丝绸邮票及二十枚精致丝织小型张，其托片全部由双林绫绢

制成。双林邢窑绫绢厂，将绫绢大量应用于中国古代典籍的装帧，如《四库全书》、"四大名著"等经典著作的四封装裱以及解放军军官聘书的封面制作材料等，均用绫绢制成。

纵观历史，绫绢以丝织工艺之精品，成为中华民族丝织工艺文化的重要组成部分，其精湛的制作工艺亦为世人所青睐。随着现代社会经济、文化、科学技术等诸多因素的影响，绫绢的用途也越来越广泛。绫绢广泛应用于工艺美术、外贸旅游、装饰工艺等，促进了我国服饰文化、工艺美术文化、民俗文化的发展。但同时，随着现代科学技术和机械化生产的不断发展，由于产业经济转型和创新动力的不足，绫绢与其他丝

绫绢工人在操作

双林绫绢

双林小花楼机（引自《湖州丝绸志》）

绫绢装裱

绸产品的命运一样，整体产业走向衰弱，面临后继乏人、市场萎缩等一系列的危机和问题。

所幸的是，近年来省、市、区各级政府高度重视传统文化产业的发展，充分认识到了双林绫绢的经济和文化价值，保护、开发与传承意识增强，双林绫绢遇到了前所未有的机遇。2008年，双林绫绢被列入第二批国家级非物质文化遗产保护名录。2010年，南浔区建成双林绫绢传统制作技艺传承基地。为了加强对双林绫绢传统制作技艺的保护力度，作为保护责任单位的湖州云鹤双林绫绢有限公司，在市、区两级政府相关部门的支持下，在厂区内辟出300平方米用地，建立了国家级第二批非物质文化遗产项目——双林绫绢传承基地，将保护与传承落到实处。双林镇政府则把绫绢产业与文化产业、旅游产业发展紧密结合起来，充分利用双林深厚的文化底蕴，加大绫绢的宣传力度，建设绫绢专业市场，发挥双林书画特色，努力

省级"非遗"牌匾

绫绢扇

把绫绢产业和绫绢文化打造成为双林的旅游文化金名片。

相信在国家和当地各级政府的重视和采取积极措施及保护下，双林绫绢这朵祖国的传统丝织工艺之花，必将传承不朽，并以崭新的面貌焕发青春，在新时代迸发出更加鲜艳夺目的光彩。

[叁]双林绫绢文化及民俗

一、吟咏绫绢诗歌选编

采葛妇歌

先秦　无名氏

葛不连蔓棻台台，我君心苦命更之。尝胆不苦甘如饴，令我采葛以作丝。女工织兮不敢迟，弱于罗兮轻霏霏。号绨素兮将献之，越王悦兮忘罪除。吴王叹兮飞尺书，增封益地赐羽奇。机杖茵蓐诸侯仪，群臣拜舞天颜舒。我王何忧能不移？饥不遑食四体疲。

缭绫

唐代　白居易

缭绫缭绫何所似？不似罗绡与纨绮。应似天台山上明月前，四十五尺瀑布泉。中有文章又奇绝，地铺白烟花簇雪。织者何人衣者谁？越溪寒女汉宫姬。去年中使宣口敕，天上取样人间织。织为云外秋雁行，染作江南春水色。广裁衫袖长制裙，金斗熨波刀剪纹。异彩奇文相隐映，转侧看花花不定。昭阳舞人恩正深，春衣一对直千金。汗沾粉污不再着，曳土踏泥无惜心。缭绫织成费功绩，莫比寻常缯与帛。丝细缫多女手疼，扎扎千声不盈尺。昭阳殿里歌舞人，若见织时应也惜。

石苍舒醉墨堂

宋代　苏轼

人生识字忧患始，姓名粗记可以休。何用草书夸神速，开卷惝恍令人愁。我尝好之每自笑，君有此病何年瘳。自言其中有至乐，适意无异逍遥游。近者作堂名醉墨，如饮美酒销百忧。乃知柳子语不妄，病嗜土炭如珍羞。君于此艺亦云至，堆墙败笔如山丘。兴来一挥百纸尽，骏马倏忽踏九州。我书意造本无法，点画信手烦推求。胡为议论独见假，只字片纸皆藏收。不减钟张君自足，下方罗赵我亦优。不须临池更苦学，完取绢素充衾裯。

上复齐郎中

元代　唐棣

吴蚕缲出丝如银，蓬头垢面忘苦辛。

苕溪矮桑丝更好，岁岁输官供织造。

吴兴竹枝词

明代　谢肇淛

五月新丝白胜绵，轻罗织就雪花鲜。

为郎制得双档子，官府头行不敢穿。

双林包头

明代　梁小玉

轻霞薄雾小香罗，傍着蝉鬓香更多。

最爱春山缥缈上，横妆一带浅青螺。

双林竹枝词

明代　吴鼎芳

双溪溪水碧于罗，鸦轧机声比户多。

大宅东庄横陆府，野桥塘北楼渔婆。

双溪棹歌

清代　姚文泰

闺中还往半邻娃，黑禄挑成学绣花。却笑负暄村老妇，芦锤千转手绵叉。侵晓衣冠上绢庄，满街灯火似黄昏。吴舲越舶纷来到，姚本风行遍四方。耕坞桥边涌墨流，一天砧韵动高秋。白红羞煞烧灰绢，晒向斜阳烂不收。

姚本仲选本事

清代　双林姚氏

织女篝灯午夜阑，西风妻紧角声酸。

吾家本绢称加重，庇得人间儿女寒。

春蚕词

清代　周映清

自古西阮说蜀都，而今产丝只西吴。

尚方岁制山龙服，除却湖州处处无。

缫丝曲

清代　严我斯

田家四月桑叶稀，鹁鸠啼雨乳燕飞。吴蚕上山茧如雪，丝车索索鸣柴扉。车上少妇飞蓬首，两月辛勤露双肘。朝忘沐栉夜无眠，哪得新衣缝女手！须臾府帖下乡村，里正仓皇来打门。但偿官税苦不足，更向厨中索酒肉。君不见富家儿女娇绮罗，吴绫越绢无人驮？

双绫与我

当代　费新我

书画牡丹绫绢叶，一衬一托更增色。雅人谁不想绫裱，绫产双林世无匹。我书我画每整装，常欣花叶一乡出。云游四海壁间赏，俱有双绫在其侧。顿起乡思及我居，旧新门户绫相接。绢飘大地镇骄傲，绫我无联岂可默。

题词

当代　赵朴初

书画赖有装裱助，乃能挂壁增光辉。

二、丝织品释名及绫绢地名

1.丝织品释名

双林境内的蚕丝织品，主要包括绫、绢、绉纱、罗、绸、缎、绵绸、锦等众多品种，举世闻名。夏禹时，湖州地区丝织品称织贝（贝锦）。

锦，《释名》：金也。作之用功重，其价如金，故字从金帛。《坚瓠集》："秘锦向以宋织为上。今称宋锦，厚如钱。"锦是以五色丝和金银丝织有文采的丝织品总称。诗云："萋兮菲兮，成是贝锦。凡为织锦者，先染其丝而织之，则成文兮。"

缎，明宋应星《天工开物·乃服》：先染丝而后织者曰缎。缎指

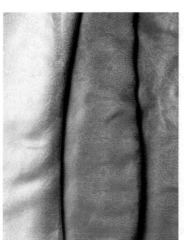

绢

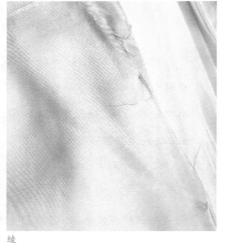

绫

缎地丝织品，熟丝所织，起源于宋，盛于明。缎地柔软而富有光泽，与多彩织锦技术相结合，是丝织品中华丽之品种之一。

宋锦

　　绸，《急就篇注》卷三颜师古注：抽引粗茧绪纺而织之曰绸。唐宋时，指茧丝下脚及丝绵纺成粗线织物，称绸，泛指长丝织物（今也有称绵绸）。《蚕桑萃编》：散丝而织者曰绸，纺成双丝织者曰纺绸，单丝而织之称里绸。明清时，绸的概念改变，原来意义称绸则以绵绸称之。

软缎，经线用桑蚕丝，纬线用有光人造丝作原料。光滑平和，色彩

丝绸制品

鲜艳，光亮夺目。由于蚕丝和人造丝吸色性不同，被练染后成品呈双色效果称双色缎。而根据经线根数多少可分双丝缎和单丝缎。

织锦，采用色织工艺，纬线色彩丰富，成品呈五彩缤纷效果，明亮，质地厚实，花形饱满，也有称古香锦。

绨，《急就篇》注：绨，今称平绸。采用平纹组织作地，长丝作经，加棉纱或蜡线作纬，为粗厚的花素织物，《说文》：绨，厚缯也。

罗，《天工开物》卷二：凡罗，中空小路以透风凉。相当于现代纱罗织物。双林区境有生产绞纱织物一类的罗。

2.缂丝与丝绣

古代字书《玉篇》释："缂、絓也，织纬也。"宋代洪浩、吴自

牧著书中称"克丝"。宋多位学者称缂丝为"刻丝"。清皇家均记作"缂丝"。近代学者胡韫玉认为应为"缂"。而"缂"、"刻"、"克"为音同而假借。探其究竟，缂丝织制时以小梭织纬，根据纹样多次中断以变换色丝，成品只露纬丝不露经丝，可见此"缂"字正合"通经断纬"的技术特点。

明《格古要论》称："宋时旧织者，自地或青地子，织诗词山水或人物花木鸟兽，其配色如傅彩，又谓之刻色作。"宋时刻丝大盛。双林区境刻丝和丝绣也兴于此时，以适朝廷之需。由于刻丝图案相

缂丝作品《翠羽秋荷图》

对较小，最初宫廷中只用书画包首、装裱。双林缂丝产品除织图外，另在周边绣上配饰图案，以适应朝廷做服饰之用（指御服等）。南宋时，宋徽宗赵佶对缂丝极为推崇，有诗："雀踏花枝出素纨，曾闻人说刻丝难。要知应是宣和物，莫作寻常缃绣看。"中国缂丝艺术发展达到第一次高峰期。双林的缂丝技艺，在这个时期，与绫、绢等其他丝织品一样得到较好的发展。其中，双林沈家桥北谢姓人家，以纯金银线、孔雀羽毛等名贵材料进行交会缂织，再配以部分手工刺绣，使作品雍容华贵，巧夺天工。民国六年《双林镇志》："环兴桥北（沈家桥）谢姓尤为之，翠羽来自广东，而镂刻花鸟极工巧。"明成化时，双林缂丝、绣料、绫绢由锦衣卫正千户陆壬负责，在双林区境

《双林镇志》上关于绫绢的记载（周凯提供）

内织造宫廷所需的这三种织物，并在双林镇东兜陆宪府建绣衣坊一座。此石坊柱石在1970年左右尚存。

双林所产缂丝逐步为皇室所垄断，其特点是厚重、挺括，表面显现罗纹档纹路，用此缂丝做出来的宫廷服饰和其他产品有手感细滑等特点。

明末清初，宫中所需缂丝织物除南京、苏州两织造局贡给外，还在宫中专设缂丝匠作专事御用缂丝织物。至嘉庆、道光后，江南一带的缂丝日渐衰落，甚至无人业此，双林谢氏也就是在这一时期没落，甚至连名、号都被遗忘。

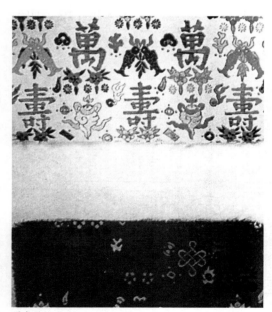

明代丝纺品

3.绫绢地名

在双林丝绸和绫绢漫长的生产和发展过程中，沉淀了丰厚的丝绸文化，形成了许多与丝绸和绫绢相关的地名，现择要记之。

倪家滩：曾名倪家墩，位于双林镇西

南，有南北两个自然村，村中多王姓。初无"倪家"之名，后因双林倪绫而成名，村中尚有倪家桥。倪绫原出双林东庄，自倪家独生女梅英嫁与该村王姓为妻后，梅英把祖传倪绫工艺秘诀毫无保留地传授给村民，倪绫由此发扬光大，世代擅名。

织旋漾：在双林镇东北苕南水产村一带，机织户环聚四周，故名。织旋又作织漩，其地在故镇（东双林）西、水镜寺之东，唐时已成村落。宋室南渡后尤盛。元时镇在东林，响铃、普光两桥前后皆市，普光桥东有绢庄十座，很是繁华。至清代，织旋漾清浅，可扬舲岸北，芙蓉掩映，秋月更佳。其东临吹台，西接大溪，中峙水镜寺，为双林游览胜地。

今双林东庄湾口倪宅（引自《双林人文史话》）

纱机塥：实为土墩，位于双林镇北谈家堰西，即今苕南谈家兜西。明初，纱织机者聚此，故名。

墨浪河：又名墨浪湖，在双林南栅耕坞桥东双林丝厂南侧。旧时这里多染绢皂坊，"染绢者漂此，水常呈黑色"，故名。元、明时，双林绢业大盛，染绢皂坊唯耕坞桥一带居民为之，矾绢必染皂，煮后"漂以清流"，染黑桥下之水，故有"耕坞桥边涌墨流"的题咏。今双林镇"墨河画院"即取意于此。

老绢巷、旧绢巷、新绢巷：三巷均在镇上，老绢巷位于双林长桥北西、汪家白埭一带，宋元时，这里已是绢市，四乡机户携带绫绢聚在这里交易丝、绢产品。旧绢巷在闵家巷南东芦扉漾一带，东通来龙桥，元、明时吴氏居此，为估客收绢。老绢巷、旧绢巷设店收绢兴于元代，清初绢市东移，故以老、旧别之。新绢巷又称新开巷，在镇东兜北一带。明代，初为陆矩宅第，明末，东迁入沈孝廉构廛成巷。清初绢市移此，各商贾

墨浪河耕坞桥

老绢巷　　　　　　旧绢巷　　　　　　　新绢巷

收绢于此。清雍正末，绢丝业在新绢巷北端建造丝绸会馆，设绢庄公所，对丝、绫绢行业议事、估价、祭祀等工作，绢业散丝者皆集于此，后来被称作"新绢巷"。

广福弄（街）：广州、福建丝绢商人集于此，常年住这里，北通双溪码头，清初双林绢丝80%以上被这路客商收购贩运至南粤、东南亚及日本等地。

广福弄（引自《双林老桥古屋》）

泾县会馆旧址

丝绢公馆旧址（金国梁提供）

泾县会馆：双林沈家桥北，清康熙年间泾县丝绢商及皂坊朱、胡、洪、郑、汪五姓及刘氏合建，除染绢外，经营绫绢运销江宁府，从事商业和议事活动。

丝绢公馆：原称绢业公所、崇义堂丝绢公所、新公馆等，地处新绢巷。清雍正四年（1726），众绢行集资始建，头门为戏台，中堂额"崇义堂"三字，楼上供关公神像。新建时门外有跨街，墙上题四字"经伦亘古"，并有司馆人员居住管理。这里也是有文字可查的双林最早的裱画工场，各绢庄每日午前集中于此，收购丝及绢品，每年五月、九月的十二、十三日必演戏。咸丰年间两次失火被毁。至光绪二十八年（1902），由丝绢业董事沈肖严发起募资重建，后为镇上集会、文娱活动场所。新中国成立后，因建双林人民剧场，大部分建筑被拆，现仅存一档门堂，曾作双林文化站。

此外，双林境内还有一些与丝绸及绫绢相关的村庄名称，如莫蓉的丝绵兜村、苕南的桑叶浜村、镇西的纱机塌村等等。

三、绢市、绢行与绢庄

1.绢市

南宋时，吴兴郡城及武康、安吉两县的集市上有精美的绢，归安县东林、西林（今双林镇）的纱绢很受人赞赏，镇上已有集市收购纱绢的绢市。

元代，湖州路西林旧绢巷有吴氏设肆收绢，东林普光桥东首，设有绢庄十家，每天早晨，乡人挟绢上市出卖，熙熙攘攘，摩肩接踵，外路客商也不少，至"辰刻散市"。

明代，自隆庆、万历后，双林镇上有包头绢等专业市场的绢巷，主要销往福建、温州、台州及江苏等处，盛时销售量达10余万匹。绢庄以姚洪为显，在南京、苏州等地设分庄，与四方巨商交易。后转移至镇东的新绢巷。

清初，绫绢生产主要集中在双林一带。镇上绫绢大户姚仲选生产经营加阔加重绫绢。随着绫绢形成专业生产规模，绢市"皆聚集于老绢巷和新绢巷，各省商贾收绢于此"。《双林镇志》卷八记载：双林镇的"新公馆，在新绢巷，雍正丙午年，众绢行建头门……裱绫各绢庄,每日午前集此,收乡人售绢,先后有序。"雍正末年,在新绢巷北端建丝绸会馆,设绢庄公所,不仅贸易绢匹,"贾散丝者必集于此"。道光、咸丰年间(1821—1861),绫绢行销各省,远达日本,"业此者设分庄于上海、苏州,销路乃更发达,岁值银约十余万元"(《双林镇志》)。

2.绢行与绢庄

绫绢的经营形式除自由经营外,还有专业经营的丝绸巷(蚕丝、绫绢、其他丝织品)和绢行,商人可分广行(客行)丝绸商、享广庄(居住在金陵会馆),他们都携重金来双林收购丝绢。

广行:住双林广福弄一带。《双林镇志》载:"闽广大贾,投行收买,招接客商者。"以资金雄厚,收购蚕丝与绫绢,或囤积于镇上,待其他外地商人来此购买。每当小满旺季时,一日可达"万金"。广行还雇船直至乡村机户收购,称之"出乡"。

抄庄:《双林镇志》:"代行家买者曰抄庄",也称划庄。"抄庄可在店堂里,也可搭船下乡去收购。"

掇庄:亦称贩子、居间商。他们从绫绢生产者手中收购商品,又转卖给各行,居间获取小利。

另一种形式是代掇庄充作乡货上行出卖者,称"撑早船"。

绢庄:开设在双林镇新绢巷与旧绢巷一带,经营者有商人,也有如沈孝廉这种身份而转向经商的人。他们虽说开办绢庄,其实经营丝、绫绢。《双林镇志》：主其事者有司岁、司月，皆衣冠揖让，权轻重美恶以定价，无参差，也无喧哗的内行人。司岁、司月是庄主（绢主）的助手，是否还具有伙友身份或是雇用者，难以考明。"售绢者曰机户，小绢主"。各

旧时的抄庄

乡丝绢小生产者，黎明持绫绢入市叫"上庄"，约辰时散庄，叫"收庄"。

清末，双林镇上有绢庄二十多家，经营范围较大的有陆府前弄徐同和绢庄，西栅港北埭有郑隆昌（业主郑其林）和老单信记（庄主单幼臣）绢庄，西栅斜桥兜有隆昌绢庄，木匠埭有新单信记（庄主单仲芳）绢庄等，都雇用职工，在上海设有申庄。此外，有黄鸿昌、陈礼堂、丰记绢庄等，镇上直接对海外贸易的有杭州人徐臣镛，联姻双林沈氏经营绫绢。专营包头绢的商店有沈裕升、郑万昌、沈合兴等。民国初年，双林镇上尚有绢庄七家，其中较大的有三家。

新中国成立初期，双林镇上有益农、经纶、泰丰、峰纶四家经营

绫绢的商店，在江苏吴江黎里镇上有特约经销、代销店。1956年5月，浙江省丝绸公司湖州支公司成立双林经营组，镇上绫绢商并入经营，原料、生产、收购、销售统一纳入国家计划。同年6月，组建双林绫绢胶坊小组。1958年，建立吴兴县双林绫绢厂后，绫绢产品行销全国四百多个工艺美术和文化事业单位，出口美国、德国、东南亚各国和港澳地区。

四、传说与风俗

1.蚕花娘娘

从前有个小姑娘，貌似天仙，善良又聪明。一天在外割羊草，被一位仙女带到玉皇大帝那里，请她来管理后花园。小姑娘在这里学会了饲养天蚕，从孵种、喂叶到缫丝、纺织。虽然她在天宫生活十分舒适，但善良的姑娘想到人间还没有蚕桑，家乡人民还穿着十分粗糙的衣服，就决心重返人间，把蚕种、桑秧和纺织技术带给家乡人民。可是，她这种行为犯了天规，玉皇大帝便罚其变成一个马面人。人们赞扬这位姑娘的献身精神，让人们永远牢记功德，称其为蚕花娘娘。为纪念蚕花娘娘，人们特意在双林南20里地的含山建造一座庙，在蚕花殿里塑造一尊骑马的蚕花神像，当地人也称"马鸣王菩萨"，并定每年清明节为祭祀日。

2.倪绫与梅英

明时，双林丝织珍品倪绫专供朝廷制御服和奏本之用，上有二

蚕农自发到含山"轧蚕花"

龙，龙睛突起，光彩夺目，密实异常，为倪姓独家所织。据说，倪家有一女儿叫梅英，祖居双林东庄，所织倪绫颇负盛名，但有其家规：其织法传媳不传女。不

拜蚕娘

料倪家世祖传至同治年间只独生一女，名梅英，聪明伶俐，父母十分宠爱她，因恐倪家绝技中断，便破家规，苦心传授于梅英。几年后，

梅英嫁与双林镇西一个小村的王姓为妻。这个村一直靠织造绫绢来维持生计，可因技艺差，所产绫绢档次低，卖不起价。梅英心想，若让大家能织出像自己织得一样好的绫，全村不就变富了吗？于是梅英违规将祖传倪绫织造工艺秘传给村里人，使其开花结果，同时也向邻近纱机塌、里庄、雉头村一带传播，倪绫声誉更高了，还增加了纹绢、双凤绫、滕玫、喜鹊等花色品种。这个小村后来改称倪家滩，因著名的倪绫而成名。

3.蚕花生日与请蚕花

腊月十二日为蚕花娘娘生日，这天为祭祀日，以祈求来年是蚕花旺年。蚕妇用红、青、白三色米粉做成各式圆子，供于灶前，并备酒菜，置"蚕花王圣"马张，香烛祭拜。蚕花生日这天晚饭前，用蒸罩一只，内置鸡蛋两只，猪肉一碗，米粉圆子四个，以及酒盅、筷子等具；再置蚕花娘娘纸马一张，排锭一副。并将盛有上述诸物的蒸罩端至门外，焚香点烛后，烧掉蚕花纸马及排锭。这时，邻里孩子把罩中实物一抢而光，抢吃越快，则来年蚕花越旺。

4.困蚕花与烧田蚕

正月大年初一，蚕妇要困晏觉，意为焐发蚕花，又称"焐蚕花"。蚕妇平日早起，年初一起床要特别迟，身负"焐蚕花"大任，一年蚕事以妇功为主。困蚕花后起床，吃象征白茧的顺风圆，中饭吃长面。此俗城乡均通行。至正月半，农村中以竹、苇及其他草木束成

买蚕花

手工制作的"蚕花"

火炬，缠上丝绵兜点燃，敲锣打鼓，舞火炬似流星，一边燃放爆竹，唱着祈求蚕花丰收的赞词，场面十分热闹，俗称"烧田蚕"、"照田蚕"。双林东乡附近乡人有元宵节缚草聚爆竹、揭竿于虹桥上焚之，诵唱"千竿高炬照田蚕，庆贺元宵乐事罩"的习俗。

5.轧蚕花与戴蚕花

在各种蚕事活动中,蚕花已演变成用彩纸或绢、绒做成,清明节前后,姑娘蚕妇都会簪戴、斜插于鬓边,称戴蚕花。参加"轧蚕花"活动必戴蚕花。另外,蚕花也插于蚕匾、蚕房门框等处,开春蚕期间,街市有卖蚕花。清明前后三日,蚕户人家到附近庙中祭拜蚕神。双林区境的青年男女到含山祭拜蚕花娘娘,熙熙攘攘,欢喜热闹,越挤越好,女青年希望碰撞男青年,无有生气,撞上认为可把轧来的蚕花喜带回家,得个蚕花廿四分。此风俗在明末清初尤盛,后世代相沿。今有市政府和当地政府组织"轧蚕花"活动,称"蚕花节"。

蚕花是蚕农"轧蚕花"时必买的利蚕吉祥物

蚕花插在蚕具上养蚕吉利

6.织歌比赛

湖州地区凡有织机处,均盛行织歌。织歌为吴歌的一个分支,春秋时《采葛妇歌》:"女工织兮不敢迟,弱于罗兮轻霏霏。号缔素兮将献之,越王悦兮忘罪除。吴王叹兮飞尺书,增封益地赐羽奇"为最早的吴越织歌。南朝·梁文学家沈约有《夜夜曲》:"孤灯暖不明,寒机晓犹织。零泪向谁道,鸡鸣徒叹息。"明代有《湖妇吟》等。织歌经常在花楼机上由上下两人有节奏地对唱,拉机则由织工与机旁掸丝女士对唱,其曲调多为湖州地区民间谣曲。双林每逢清明节、端午节,在镇上明月桥畔(歌浪桥)举行织歌比赛。所谓比赛,其实是男女工对唱,女织工与女织工对唱。清同治后至民国初,双林织业公所出面组织,每次赛期三天左右,歌手男女织工均有,以男工居多,在桥堍隔河对唱。抗日战争前夕才逐渐消失。

双林绫绢的种类

绫分为素绫和花绫两种。素绫通体为斜纹或斜纹变化组织。花绫是以斜纹组织为地纹的提花组织。绢的组织是平纹，按其经纬丝粗细、织物厚薄、生织熟织和花素的不同，分为细绢、粗绢、生绢、熟绢及彩绢等。

双林绫绢的种类

[壹]组织结构和分类

绫分为素绫和花绫两种。素绫通体为斜纹或斜纹变化组织。花绫是以斜纹组织为地纹的提花组织。分为三种：

1.同单位异向绫，即由循环数相同但斜向不同的经面和纬面斜纹组织，互为花地。

2.异单位同向绫，即由循环数不同但斜向相同的经面和纬面斜纹组织，互为花地。

3.斜纹组织为地纹，其他变化组织或纬线浮长显花纹。

绢的组织是平纹，经纬丝均不加捻或加弱捻，蚕桑生丝织成，织后练染。古代某些场合通称平纹织物为绢，按其经纬丝粗细、织物厚薄、生织熟织和花素的不同，分为细绢、粗绢、生绢、熟绢及彩绢等。广义的绢可能包含纱、绡、纨、缟等平纹丝织物。

[贰]代表性品种

一、绢

1.包头绢　妇女向以绢包头，谓之一幅巾，取其可不梳发。《双林镇志》载："唯本镇及近村人、乡人为之，通用于天下。闽之男子亦裹首，北地秋冬风高起，行者罩面护目，通常为清水包头。明朝正德、嘉靖以前，仅有高溪、纱帕，隆庆、万历以后，机户巧变百出，名目甚繁。有花，有素，有重至十五六两者，有轻至二三两者，有连为数丈者，有开为十方者，方自三、四、五尺至七、八尺，其花有四秋花、西湖景、百子图、百寿、双蝴蝶、十二鸳鸯、福禄寿喜、八宝龙凤、云鹤、盆景、花篮等样。其名有加长、放长、中六、真清、福清、提清、荡胶、缎本、波绢、轻长、加阔、细粉出灰浆、绫五、绉六、绉加、绉放、绉花、绉淮、连分、两清、光行、脚地、改连者等。名客商云集，贩往他方者不绝。"

包头绢也称"小香罗"，明宋应星《天工开物》云："凡罗，中空小路以透风凉。"也称"南溪纱帕"（南溪即双林）。纱是丝织品中最轻薄的织物，双林包头纱量轻质薄，举之若无，如烟雾飘逸。双林境内出土明崇祯年间的"无花而最白"的"银条纱"，即"方空纱"。其产品"素曰直纱，花曰轻纱、葵纱、巧纱、灯纱、夹织纱，最轻而利署曰冰纱，每匹重不过一二两，花素皆备"，"唯双林里中独造"，"且善染色，他处制不佳"（见《乌程县志》、《双林镇志》）。天启年间，两广、西北等地普遍用作包头，此前"向以绢包头，谓之一幅巾，取其可不梳发也"；此后妇女用作首饰。至清代，包头纱"唯老妇用之"，余均用素绉纱，"约长四五尺，包头有余，缠束发际"。名目有五绉、六绉、另绉、放绉、花绉，又有阔狭、顶客及泉绉、海绉等，清道光后，"杭州庄家亦多自织，然总不及双林之密实"。因而，包头纱也属于丝织绉类。其时，名目有"加长、放长、中六、真清、福清、提清、盈胶、缎本、波绢、轻长、加阔、细粉、出灰、浆绫，还有准连、分两、清光、行脚地、改连"等名称。

2.官绢、灯绢、裱绢、矾绢 官绢为宫廷贡品；灯绢为制作宫灯等灯类工艺美术产品；裱绢主要用于装裱书画及装饰墙壁之用，仅双林一处出之，其名有三二素绢、尺八纱、尺六纱诸名；矾绢，除作书、作画（有极佳的书画效果）外，还可用作风筝、屏风、绢扇、绢花等工艺美术产品。

二、绫

1.包头绫、帽顶绫 量轻的，叫海丈，销福建及温州、台州等处，沿海人用于裹头，盛时销至十余万匹。量重的，叫狭贡，妇女以之包头。江、浙等处习用之，盛时所销，岁值十万元。又名帽绉、泉丈、泉九等。

2.裱绫 为装裱书画、造作人物、画饰墙壁之用，行销各省及日本，有龙绫、云鹤绫、洋花绫，染以彩色，输运各埠，设分庄于上海、苏州后，销路更为发达，岁值银约十万余元。

3.贡品绫——倪绫 《双林镇志》载："按本镇之绫，以东庄倪氏所织者为佳，名为倪绫。盖奏本面用，绫有二龙，惟倪姓所织龙睛突起而有光，他姓不及也。其法传媳不传女（本地织机皆为女工），是以擅名。近因倪氏无子，因传于女。女嫁倪家滩王姓而倪绫之名今犹啧啧人口云。"

4.素绫（安乐绫）、板绫　色泽为黑色、品蓝、天青色的绫绢多做寿老衣、海拔等；板绫用于做锦标等工艺品。

新中国成立后，随着绫绢织造、练染、整理、上矾技艺的发展，双林绫绢的花色品种有了很大发展。绫品种有轻花绫、重花绫、阔花绫、交织花绫、锦绫、金波绫；绢品种有耿绢、矾绢、工艺绝缘纺；花绫花形有云鹤、双凤、环花、冰梅、古币、锦龙、梅兰竹菊、福禄寿喜等，共有近百种花形色泽。

花绫的花色古朴典雅，体现了传统的民族风格。纹样以禽鸟、瑞兽、花草和象征吉祥如意的文字作题材，如云龙、云凤、福禄寿喜、梅兰竹菊、回纹博古、龟背纹地嵌龙凤团花、龟背纹地嵌梅兰、龟背纹地嵌牡丹花和冰纹地嵌梅花，等等。颜色以古色古香的中浅色为主，根据装裱需要而定，如土红、天青、泥金、古铜、蟹青、墨绿、月白、白色，等等。

H1926花绫

H1926花绫：纯桑蚕丝单层提花绫，以三分之一经面右斜纹作地纹，三分之一纬面右斜纹显花纹。有时为了增加绸面的光泽度，也有用五枚经面缎纹显花纹，生织后练染。主要用于传统书画装裱、古籍线装书的封面书皮、高档装帧、请帖、贺卡、报纸、刊物等。

+H1926精品花绫

+H1926精品花绫：全真丝，白厂丝（学术名）织造。主要用于传统书画装裱、古籍线装书的封面书皮、高档装帧、请帖、贺卡、报纸、刊物等。还可以用于热熔胶裱画产品。

锦绫：锦绫的花色与花绫相似，亦需体现古朴典雅的传统民族风格。纹样有云龙、云凤、缠枝花卉、云纹地暗八仙、勾连菊花纹和龟背纹嵌散花，等等。颜色如藕色、蓝灰、土黄、宝蓝、深灰、米色和棕色，等等。

+B6101精品锦绫：桑蚕丝作经线、丝光棉纱作纬线的交织单层提花绫，具有突出色泽和立体感的特点。组织与花绫相同，亦是花地组织互为正反四枚斜纹（三分之一斜纹与三分之一斜纹）或花地组织互为正反五枚缎纹（五枚经面缎纹与五枚纬面缎纹），生织后练染。主要用于传统书画装裱、古籍线装书的封面书皮、高档装帧、请帖、贺卡、报纸、刊物等。还可以用于热熔胶裱画产品。

H1924耿绢：纯桑蚕丝平纹素织物，先织后练染。色泽有白色、泥金、土黄、米黄和浅米色等。主要用于传统书画装裱、邮票、报纸、连环画、刊物等，以及古籍线装书的封面书皮、高档装帧、请帖、贺卡等。还可以用于热熔胶裱画产品。

精品耿绢：全真丝，白厂丝织造。主要用于

+B6101精品锦绫

H1924耿绢

精品耿绢

仿古绢

仿古花绫

传统书画装裱、邮票、报纸、连环画、刊物等。或者用于古籍线装书的封面书皮、高档装帧、请帖、贺卡等。还可以用于热熔胶裱画产品。

仿古绢: 全土蚕丝(白厂丝)织造。主要用于临摹古画、书法、绘画,别具风格,还用于装修的手绘墙纸。它是临摹敦煌壁画的首选材料,出口日本用于裱画等。

仿古花绫: 全土蚕丝织造(真丝,白厂丝)。主要用于修复古画、文物,还原作品之本来面貌,具有较高的复原性。

板绫: 全真丝织造,缎纹组织。主要用于临摹古画、绘画、手绘墙纸，用作古代圣旨等。用于敦煌壁画临摹、创作作品较多。

打印绢：全真丝织造。主要用于打印扫描的古画，具有水性和油性兼容的功效，是做高仿、复制画的首选材料，用于高档会所、大酒店、公司的商务礼品以及收藏领域的作品。产品外涂德国进口纳米高分子材料，清晰度高，色彩更稳定，打印在此类绢上的作品跟原画几乎无异。

工艺纺：全真丝织造。主要用于制作风筝、绢扇，可裱画、绘画、报纸、连环画、刊物等。

宋锦：此产品以真丝和黏胶丝为主要原材料。

板绫

打印绢

工艺纺

宋锦

韩国锦

先染后织，染前有十几道主要工艺，完成方可染色，后还有几道主要工艺，方可织造。因由两种经丝混合织造，难度非常大。纬向有三道八种色，织成的产品色彩丰富，有五到十种色彩，根据不同的需求可选择不同的花形、色彩，用于高档册页、书画包手、锦盒、墙纸、包装等。

韩国锦：产品为45%涤和55%丝棉纱，系1999年初从韩国引进的装裱材料，经织造技艺和练染突破后正式投入生产，是新型的装裱材料。主要用于机裱、书画、书皮、证书、装帧等。

G822金丝绫：有画龙点睛的效果，主要用于书画装裱点缀，增强特色。

H1925矾绢：产品全真丝织造，由耿绢通过矾处理而成，色泽有白色、泥金、土黄、米黄和浅米色等。用于写字、画工笔画。它是代替宣纸的好材料，但不宜画重彩工笔。

精品矾绢：产品全真丝织造。用于写字、画工笔画，是代替宣纸的好材料，可画重彩工笔画，保存时间比一般矾绢延长百年。

特制矾绢：产品全真丝织造。用于写字、画工笔画，是代替宣纸的好材料，最适宜画重彩工笔，所画作品可保存几百年，是目前最好的矾绢。

G822金丝绫

精品矾绢

特制矾绢

[叁]标准符号、用丝

　　绫绢织造所用之丝，在清以前均为农家织户的土丝。民国初年开始使用白厂丝，所用白厂丝均有相应规格，以适应改进后的铁木织机织造。新中国成立后，省内和国内丝织业分别以英文代号和数字组合，代表丝织品的不同织品名称、省份和织品之规格、花式号。

　　如：H1926花绫、H1925矾绢、H1924耿绢，H代表浙江生产，数

H1926花绫

字1代表蚕丝，926、925、924代表规格和花式号。白厂丝质量级别必须在3A级以上，绢的生产最好在5A级，可使织出之绢表面均匀挺括。花绫之经线组成以白厂丝20/22单根，纬线以白厂丝27/29双根来织造，经纬密度分别达到经密50根/厘米，纬密度以30根/厘米的要求，门幅以68厘米、匹长20米为一匹成品。耿绢之经线以白厂丝27/29单根，纬线以白厂丝27/29双根来织造（也有厂家经线以20/22单根，纬丝以20/22三根），其经密度为40根/厘米，纬密度35～37根/厘米。

又如：锦绫B6101、B6038，B代表湖州生产，数字6代表真丝与化纤交织，数字101、308代表规格和花式号，经线20/22单根白厂丝，纬线由单根32支～40支精绵纱交织而成，经密度为60～64根/厘米，纬密度30根/厘米，门幅为86厘米，匹长以50米为一匹。

再如：邢窑绫绢厂生产新品种G822金丝绫。G代表化纤与特殊材料交织而成，822代表规格和花式号。

浙江丝织品如进入全国丝织物代号码序列中，又有另外的代码。如花绫为15663，耿绢为15153。

双林绫绢织造的工序和器具

双林绫绢传统手工技艺生产流程工序严密，主要有浸泡、翻丝、整经、络丝、并丝、放纤、织造、练染、批床、砑光、检验、整理等大小工序。

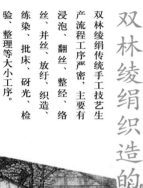

双林绫绢织造的工序和器具

[壹]主要工序

　　双林绫绢传统手工技艺生产流程工序严密，主要有浸泡、翻丝、整经、络丝、并丝、放纤、织造、练染、批床、砑光、检验、整理等大小工序。

　　1.浸泡： 选用的丝是白厂丝，首先将每七股白厂丝整个卷成一卷，浸泡在加有乳白色柔软剂的漆石缸中（现多为不锈钢缸），一般是3千克的柔软剂调配在0.4立方米水中，搅拌均匀，水温要控制在45摄氏度左右。放一件丝在里面，有十二包，每包5千克，共60千克，要完全浸泡透，浸泡时间在一个小时左右。等柔软剂完全被丝吸收进去，水变清澈后，将水放掉。再将浸泡后的白厂丝放入脱水机中脱水、晾干（以

浸泡

阴干

前都是直接将丝绞干放在竹竿上抖松晾干）。最好是阴干，不要直接放在太阳底下晒干，晒了容易使丝发臭。阴干的蚕丝在织造时柔软，富有弹性，不易断头，达到松、软、滑、爽的感觉。

双林绫绢织造分三个步骤，一是准备，二是织造，三是练染。双林绫绢织造的准备由经向和纬向两个部分组成。

经向由翻丝、整经两部分组成。

2.翻丝：把已浸泡晾干的蚕丝放在绷架（也称络丝车）上，一般经丝络在六角竹签，绢的纬丝络在筒子上（两根以上并丝）。断丝和毛丝通过操作工掌控，遇到断丝要结头，有特定的手势，咔结的牢固性最好，可以将两节断丝连在一起。遇到毛丝就将其剪掉。卷绕

翻丝

的时候还要注意保持丝一定的张力，掌握一个度，大约在5克左右，避免拉损、拉白，以确保产品的质量。

3.整经： 采用分条整经车，将已卷绕在筒子上的丝线，按绫绢品种的规格要求卷绕在整经车大圆框上，然后退卷到经轴上供织造之用。在将丝线退到经轴上时也要注意一定的张力，一般不能低于织造张力，特别是回轴张力，以确保产品的质量。牵经一般1500米一个经轴。

纬向由络丝、并丝、放纡三部分组成。

4.络丝： 老法是手工络，将六角竹签中间一孔插入长约50厘米的木棒（前细后粗），其中15厘米左右插入六角竹签中，将六角竹签固定在木棒上。将四根光滑小竹头用木板固定四个角，大小正好将丝片绷挺，放在地上。人坐在凳子上，单根丝从四根竹头外面拉出来，将丝头绕在竹签上，熟练地操作将竹签棒高速转动，并将丝绕在六角竹签上。

　　5.并丝：根据产品的规格和要求，在并丝车上将几根丝线合并成一根股线。并丝是绫绢生产的要求。供耿绢使用的，是将三根丝线合并成一根股线。

并丝

　　6.放纤：老法是在纺纬后，用手将卷绕于竹签上的纬丝浸湿后，用纺车绕于竹管（纤管）上。现在用放纤车把已并好的丝卷卷绕到纤管上以供织造使用。同样也要控制好张力，如果力量太大，会影

放纡

响织造工艺,会造成吊白,形成亮丝,若力量太小,在织造的时候会被"吐"出来,空的称为"纡管",卷绕满的称为"纡子"。

7.织造:根据产品的规格和要求,把经轴放在织机上,通过织机织成绫绢。花者为绫,素者为绢。

原始的织机为木制手工抛梭织机,俗称"手身机",以生产平纹绢。

织造是绫绢织造技艺中的核心工序,下面简述其在历代的发展情况。

唐时,"手身机"从木制手工抛梭织机发展成手拉提花机(简称"花机")、素机两种。花机又称"花楼机",由两人操作,一人高坐于花楼提线，织工掌机织造，上下两人配合织造出花纹织品。素机则要靠腰部用力，又称"腰机"，一人自控自织，织出平纹织品。从唐代至宋、元，双林绫绢中的"乌眼绫"、"盘条缭绫"以及其他花色锦绫，即用"花楼机"织造。

宋、元时期，这种"花楼机"和"腰机"在织户中不断改进，并投入使用。

至明代，已趋完善，"花楼机"除可织提花织物外，装置"走桥"配件后能织高级素罗和小提花织物，这种小提花织物机就是当今丝织商标机的雏形。"腰机"经改进和发展为水平架经、两脚交换踏蹬，形同"花楼机"之小机样。

清初，花楼机式小机（亦称小花栖提花织机），已普及于双林区境农村各织户。后来，出现的新织物品种绉与绫、绢，都是以这种织机织成的。

1988年7月，双林镇镇西竹匠湾村发现一台小花楼提花丝织机，其类型和明代宋应星《天工开物》记载的小花楼提花织机极其吻合，现由中国丝绸博物馆收藏。经专家考证，该织机年代为清道光至咸丰年间（1821-1861），或更早些。据该织机原机主王菊英老人及行家证实，这种织机是几经改进后的小花楼提花织机的一种普及机型，功能较完善，可根据需要织造出多种绫绢品种，为广大织工所喜爱，所以当时在双林民间广为流传。

小花楼提花机

　　该机总长5.15米，机式前倾，后平分为两节，经面倾斜。机身高2.85米，高处为楼，织机关键装置一应俱全：门楼长1.24米，宽75厘米；老鸦翅为竹制，共五片，长1.71米；铁铃为木制，共五片，长0.94厘米；花楼高98厘米，宽58厘米；杠长1.05米，木齿分二，一为六档，一为四档；称庄高90厘米；衢盘的上盘有竹片十六根，下盘有竹片十八根，长各66厘米；衢脚长54厘米；叠助为竹制，长2厘米。唯缺眠牛木，发现该机时，机户用两块土砖代替。其中老鸦翅和铁铃比宋应星《天工开物》所记各多一片，更有利于织造。织机装造是掉耙丈纤的衢盘分花式，其花本直接贯穿于提花丈纤上，操作较简便省力。拽花工不仅可用臂力，还可借身体后仰的重力拉拽纤线。织造工与拽花工两人配合操作，拽花工高坐花楼之上，用手提拉花束综，跟横线一梭；织工坐在下面机板上，双脚踏着踏杆，带动综框升降，并进行投梭引纬。

明清时，用这种小花楼提花丝织机所织的双林绫绢，花绫少则二百根花本纬线，其花本纬线平均分在四耙上。花绫地组织为五枚经缎纹，花组织为五枚纬缎纹。一名熟练织工从早上6时至午夜12时，一般可织绫绢三匹左右（旧时绫绢每匹长13市尺）。

民国初，原来普遍使用手工抛梭机、手拉提花机，逐步改用纸板提花机，一机一人。

抗日战争前，双林区境内有人引进极少量瑞士和日本产同等新式提花机、木制电力机、手拉铁木机等（俗称铁龙头提花机）。

新中国成立后，双林镇西、莫蓉一带乡村机户仍使用木花机织绫绢。1958年后，这种传统的小花楼提花丝织机几乎绝迹。

1958年6月，双林绫绢厂正式建立，收集铁木丝织机二十五台，但仍为人力织机。主要生产花绫，练染仍以手工为主。后逐步改造成电力织机。

1982年，双林绫绢厂在新建厂区内引进较先进的杭州纺织机械厂生产的ZK272丝织机二十五台，连同铁木丝织机共有织机一百六十五台。

至1990年底，双林绫绢厂拥有各类丝织机二百二十四台。

绫绢织造机无论是老式织机还是现代织机，都由开口、投梭、引纬、打纬、送经、卷取六大环节完成织品。在具体操作织机时应：勤查绫绢面，灯到（即用灯照到撬的高低、罗纹档、筘路等）；眼到（及时监控头路、叉绞、糙、毛丝、夹起等）；手到（常摸有无倒断头、缩行等）；查飞行梭子纤线容量大小、绫绢面幅、综前筘后经面，重点把握绫绢两边平挺；机前应逆时针环形巡回，机后外圈巡回阔机，内圈巡回狭机；勤清绫绢面，勤通绞，对结手势匀，移绞棒手势轻，理缠头、借头、边头，拣清毛丝，修清长结，理清糙块，分清绞头，防止移断头，叉绞路，宽急经，通绞挡及小边垂头着地；预防和经常检查机子运行中有无焦臭味，听梭子有无异音，注意梭子投梭快慢及运行状态，照综框夹头（绳）、花机梁子绳、绞板及相关连接件有无松动，梭子有无松动，梭身有无发毛。

在对蚕丝原料挑剔上要分档，根据不同要求分品种使用；定下原料后，应试染、浆、织和新品试样；织机房环境、设备、工具保持清洁卫生、无油污渍；保持织物干、湿、燥合适度；温度上要夏季降温，秋冬保暖，相对湿度可在80%偏上；在操作上，特别是素机，要查皮结、打梭棒、窗脚、牵头、梭子、纬密、绢面情况；花机做到织时的对色、对花、揩钢筘、皮结洋元、幅面下镜面以及检查轧梭保险；及时并经常对织机检修、保养，以保障织机的正常运行。

8.练染： 最原始的练染过程为：先订襻，然后精炼。精炼采用锅子（1970年前多用汤锅，即铁锅上面加一圈很大的木桶）。锅里放一担清水，放两粒蚕豆大小的纯碱，烧滚。然后放石灰（石灰为主，碱为辅）。同时，用淘箩装草柴灰或桑柴灰，下置水缸，由一人在上浇水，将草柴灰或桑柴灰水滤到水缸里，再盛到锅子里，与石灰水放在一起，从水烧滚到落绫绢大约一刻钟，然后在清水缸里出水。再用猪胰子滤绫绢滤过夜，用这种动物生物酶使丝脱胶，并使丝质保持必要的强度。再次放到临近的河里用清水出水，晾干。现在已经很少用这种方式了。现在的绫绢练染生产工艺流程如下：

（1）订襻：把码好的绫绢用针线沿边均匀分档订上襻，穿上竹竿，待用。

（2）挂练：软化后把水烧开加料（纯碱、雷帮、泡化碱、保险粉等），把蒸汽关小，使水达到沸而不腾，然后将绫绢用光滑的竹竿夹入锅炼熟，大约需要一个小时，然后将绫绢出水出干净，继而进行脱水。

（3）缝头：将脱干后的绫绢抖开放平，把每个头缝在一起，两头缝上机头布，待用。

（4）染色：将缝好头的绫绢放在机缸一侧，把机头布穿好，放适量的水将绫绢卷上，并把边卷齐到机缸滚筒上，将水放掉，再注入适量的清水并加入匀染剂，将配好的染料搅匀，用滤网过滤后加入一半，在常温下开始第一道染色（染深色的是60摄氏度的水）。当绫绢全部卷到机缸一侧的滚筒口后，将剩下的一半染料加到另一

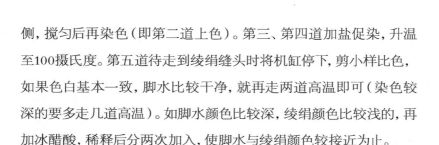
侧,搅匀后再染色(即第二道上色)。第三、第四道加盐促染,升温至100摄氏度。第五道待走到绫绢缝头时将机缸停下,剪小样比色,如果色白基本一致,脚水比较干净,就再走两道高温即可(染色较深的要多走几道高温)。如脚水颜色比较深,绫绢颜色比较浅的,再加冰醋酸,稀释后分两次加入,使脚水与绫绢颜色较接近为止。

(5)出水:将机缸内的染色水全部放尽,再加入清水(流水常温走一道,深色的再走两道60摄氏度的),出干净为止,出水后将水全部放掉,再注入适量清水加温至40摄氏度左右,再加入固色剂适量,走一道,再上卷,翻到小滚筒上。深色的多走几道。

(6)整理:将上卷好的绫绢拿到整理机上穿好机头布进行烘干、整理,直至平整为止。

(7)码尺:将烘干的绫绢放到干净的地方,用码布机测量米数,码好、理齐。

双林绫绢的仿古产品还要增加批床和砑光两道工序。

9.批床:批绫绢一般需要两人,俗称上手和下手。上手一般是精通此技艺的老师傅,下手一般是出师的小师傅。批时同样需要密切配合,先批绫头,再批绫身。批时,上手一手拿着刮子,整理绫的经纬丝,一手拿着绫绢,脚、膝盖顶着滚筒,劳动强度很大。上手一边批一边喷水。绫绢的经纬向、正反面都要批匀,稍干燥后,用沾有菜油之布轻抹绫绢面,使绫绢的面张好看,花色、光头都直显出来。

10.研光:因桑蚕丝粗细不匀,织好的绫绢成品,通过石元宝研光这道工艺技术,反复磨压,使桑蚕丝的形状由圆形变成扁形,增加绫绢的密度、柔韧性和光滑度。先将一枣木轴辊绫绢置于底座盘上,然后放上石元宝。石元宝的两侧放置一木架,踹时,由练染工扶着木架两边的扶手,脚踩两边的元宝脚,左右踹动。元宝踹得重,踹得足,这样才能使绫绢的丝扁平,使绫绢的面平整、密实、光洁,花形突出,质量好。石元宝研光需两道,第一道研光后,在批床上倒轴(将绫绢从里层倒向外层),再进行第二道研光。然后在批床上将练染时不慎有批裂的地方,逐段以手工刮子把丝排匀。此工序和工艺在过去生产绫绢时因用的原料蚕丝为土丝、肥丝,粗细不匀,

研光

人工织造，紧密度相对不一致，因而必经石元宝这一道工艺和工序，可使绫绢织物光滑、紧密、织地均匀。如今，如故宫博物院等单位，对绫绢有特殊要求，也需经这道石元宝碾轧工序和工艺。并对经此工序的绫绢取了一个专用名称，所谓"扁丝绫绢"。

11.检验、整理：将生产好的绫绢成品，先放置在码布机上测量米数，然后剪去带进去的毛丝，分出正、次品，最后将绫绢整理后卷起来。包装整理时，要将绫绢成品平放在工作台上，不可用手去折碰（砑光后的绫绢纤维松散，组织结构易被破坏，一碰就要破裂），要用两根竹片，厚1厘米，长50厘米，前面稍细，并且打磨得非常光滑，

检验、整理

用两根竹片将绫绢折叠成约20×10×6（厘米），包装入袋。

[贰]主要器具

　　石元宝：石元宝两角间距1.03米，底座为76厘米，元宝约350—400千克重。石元宝下面有一块呈凹形的底座，底座为长方形，中间呈凹形，与两端相差约4—5厘米，底座面十分光滑。

　　批床：批床宽98厘米，长1.6米，高62厘米。批床长的两端有四

石元宝

只安放滚筒的"耳朵"和"花头"，中间三根长1.22米的"三档棍"，还有一根活脱的长96厘米的木棍，放在"三档棍"旁边。批第一道

批床

织造用的工具

时，批床上安放一只滚筒，上第二道时放两只滚筒。

刮子： 批的工具是一只刮子， 一般长20厘米，宽15厘米，板厚1.3厘米。板上钉上1号针或2号针五十至六十只。针与针之间只有2毫米左右的距离，针尖露在外面5厘米左右。

双林绫绢的价值与工艺

绫的用途在于服饰和装帧。用作服装的绫一般是中厚型，以防纰裂和褶皱。绫的另一大用途是装裱书画，制作锦匣、经书册页和度牒等。绢在古代除用作绘画及书写外，还用作衣料。现代用于书画的绢主要是矾绢，用于装裱的主要是耿绢。

双林绫绢的价值与工艺

[壹]双林绫绢的价值

中国书画的装裱材料,历来以绫绢为主。"花者为绫,素者为绢"。绫与绢两者相比,绢宜于代纸作画书写,便于长久保存;而绫用于装裱更胜,其缩水率与宣纸基本一致,装裱平挺,画面不打皱。绫虽薄,但纬密度均匀,不易露底,且色泽优美、秀丽、雅致。因此,双林绫绢是装裱书画最理想的材料,它轻似雾,软似锦,薄若蝉翼,花则若隐若现。

绫的用途在于服饰和装帧。古代的绫都作为贡品,专供朝廷制作衫裙或舞衣,有时皇帝也把它赐给大臣和官僚。用作服装的绫一般是中厚型,以防纰裂和褶皱。现代运用斜纹组织的绫类丝织物很多,大多用作服装面料、里料及头巾等。此类斜纹为主的素绫,一般生织后练白、染色或印花。用于服饰的绫仍需保持具有民族特色的古朴风格,大都为提花的绫,如花绫、锦绫等。绫的另一大用途是装裱书画,制作锦匣、经书册页和度牒等。据载,宋朝御府中所藏书画用"青紫大绫为裱,文锦为带,玉及冰晶、檀香为轴","绫引首及托里"。(陶宋仪《南村辍耕录》)

绢在古代除用作绘画及书写外，还用作衣料。现代用于书画的绢主要是矾绢，用于装裱的主要是耿绢。生绢类用途：以全蚕丝织造，主要用于传统书画装裱、古籍线装书的封面书皮、请帖等，还可以用作现代热熔裱画材料。熟绢类用途：以全蚕丝织造，主要用于写字、画工笔画，可水墨涂鸦，普通熟绢不宜画重彩工笔画。而精矾绢和特制矾绢除上述用途外，还可用于画重彩工笔画，特制矾绢最适宜之，其保存时间可达几百年。

[贰]双林绫绢手工上矾技艺

用于装裱及书画的传统绫与绢，当前仍保持着产销两旺景象的要数湖州云鹤双林绫绢有限公司。该厂生产的花绫、锦绫、矾绢、耿绢，花色齐全、古意盎然。产品除被用作装裱书画、制作锦匣、绘画、书写、制作风筝、绢扇、屏风和宫灯外，还被广泛用作宾馆、商场、大楼及家庭的室内装饰材料。绫绢除行销大陆及港澳地区的文化、工艺美术和旅游等单位外，还远销国外，如日本、韩国和东南亚各国。

用于书画的绫绢主要是矾绢，现在多为机上矾，但手工上矾的矾绢仍是书画家最佳的选择。其生产流程如下：先将织好的绫绢经练染、整理工艺，使绢的质地紧密、轻薄、光滑、平挺，有光泽而且柔和。然后用矾、胶进行上矾。上矾技艺一般采用绷架矾绢。立一副架子，用竹缚紧绢的两头，按门幅要求将边1厘米粘在木框架

用绷架绷好的矾绢

子中间，四周都粘好，把绢面拉挺、绷平。待绷紧后，用排笔蘸上胶矾液，均匀地、有次序地往绢上刷。矾过一面后，待干后再用同样的方法矾另一面，干后收下，卷成筒形放好，待一段时间使用，效果更佳。

　　胶矾的配置也有一定的讲究，骨胶的选择在颜色上以淡黄色最好，明矾多选择食用级的。在配置的时候最好要算好用量，当天配置好的最好当天用完，不然过了夜容易变质，特别是夏天高温的时候，一旦变质就影响其功效。配置如下：将当天需要骨胶的用量放到塑料容器中，用冷的清水搅均匀并浸没，浸泡2到3小时，使其充分膨化，然后用沸水泡开搅拌5到8分钟，配比一般是1到1.2两胶加一热水瓶的水。浓度可根据矾胶的用途而定，如用于重彩画可浓一点，同时加入适量的明矾，矾少则骨胶重，搅拌均匀。用细筛子过滤，如有泡沫出现，要立即停止，等泡沫消失后才可以涂刷。操作的环境温度一般在15摄氏度以下较适宜，冬天零度以下的较冷天气，胶液很容易结冻。一冻就没法涂刷，需用热水隔水将胶液保温，一般胶液温度控制在50到70摄氏度为宜。

手工矾绢劳动强度大，而且操作以天气晴朗、秋高气爽为佳，故矾绢时要注意天气，并掌握好空气的干湿度。梅雨季节、阴雨天和恶劣天气都不宜矾绢。这样特殊的制作条件，使现有的矾绢产量供不应求。因而1985年，双林绫绢厂与双林农具机械厂，在绫绢工艺传承人周康明一起合作下，研制成矾绢连续上浆新工艺，代替原始手工上浆工艺，从而使质量提高，产量增加，品种优化，同时，还研制出矾绢连续上浆机（矾绢上浆专用机）。

[叁]双林绫绢装裱工艺

装裱工艺是随中国绘画而产生的，早在战国时期就有帛画、缯书，至西汉即有装裱的绘画出现。如湖南长沙马王堆汉墓出土的帛画上端，装有扁形木条，系有丝绳，木条两端还系有飘带。南北朝时书画装裱多赤轴青纸，著名裱工有范晔、徐爱、巢尚之等人。至唐代始用织锦装书画，格调堂皇，高手辈出。张彦远在《历代名画记》

中设"论装背裱轴"一章,专门论述有关装裱事项。绫绢的特点是轻如蝉翼,薄若晨雾,质地柔软,色泽光亮。绢可代纸作画泼墨,绫则用作装裱书画,还可制作戏剧服装、台灯、屏风、风筝、绢花等工艺美术品。由于绫绢装裱书画具有平挺、不皱不翘、古朴文雅的特点,所以自唐代起就被列为贡品,有"吴绫蜀锦"之称。因双林是绫绢之乡,故装裱工艺在双林历来就有传承。现双林镇上有多人从事书画的装裱工艺。

绫绢装裱工艺,要经过托画心、托绫绢、配料、镶覆、校正、折边、配纸、复浆、上墙、下板、镶天地头、安装、成轴等多道工序。

1.托画心: 把画心(原始的书画作品)反铺于裱画台,润潮展平,用排笔上浆水,把宣纸刷上,再用棕帚由上而下刷住宣纸,沿画心四边刷上糨糊,后上墙晾干。一般经过一昼夜后,画心就平整干燥了。夏天,晾干的时间则相对缩短,不到12小时就可以进行下一步工序。

2.托绫绢: 又称作托镶料或托料,按其操作程序可分为准备、托料两个工序。

准备:

(1)开料。绫绢虽都是丝织品,但因编织不同,因此裁剪开的方法也不同。开绫,就是在量取所需长度以后,在绫的老边上剪出一个小V形口子,从这个口子中取出一两根纬丝,抽至对边,并把另一头剪开，这一两根纬丝便可抽出了，这时绫子上出现一条暗线，用剪刀依照这条暗线剪去，将绫子剪裁成一段段的绫片，这就是开料（开绫）。这样开绫，就不会把绫片剪裁得歪斜。绫开好后，将四角稍许剪去一点，折叠好备用。耿绢在量取所需长度后，在绢边剪出一个小口，双手合力撕断即成。

（2）配纸。选定及裁切好用于托在绫绢背面的宣纸，要经过选、切、剔、卷等几个步骤。选，一般是单宣或加重单宣。宣纸的规格可根据绫绢的幅面宽度而定，尽量不在绫绢上有托纸的竖接缝为好；切，将选好的宣纸两头裁切整齐，必须把纸的红印口切掉；剔，将宣纸中的杂质用刀尖挑剔干净，特别是宣纸的正面要干净；卷，将宣纸正面朝外，一张接一张卷成6到7厘米宽的卷筒状。宣纸与绫绢幅面相同就竖着卷，绫绢的幅面宽于宣纸就横着卷，卷好后用纸包好。

（3）调浆。即调制托料所需的浆水。托绫绢需用冷浆，而且要略稠一点的浆。托绫绢用浆若太稠，托出的效果会很硬，镶料就不软熟；用浆若稀薄了，绫绢与纸黏合后容易脱空，这就会影响装裱的质量。用浆棍挑起调制好的浆水来测试浆的浓稠度，以糨糊挂在浆棍上下滴很缓慢的为宜，不能用立即往下滴的浆。调好的浆水置于裱台右侧备用。

（4）工具准备。排笔两支，一支用作上水，一支用作上浆、匀浆。清水一盆，与浆水盆一起置于裱台右侧。棕刷两把，一把用作排纸，一把用作涂刷糨糊。干净毛巾一条及拍浆贴板的相关用具和针锥。此外，应备好清洁裱台用的抹布及清洗水盆（桶），贴晾用的贴画板，等等。

托料：

（1）平丝。就是将绫绢的织丝展平铺正。先把绫绢正面合案铺平。通过以下方法来辨别绫绢的正反面：把绫子平铺在裱台上后，光线若从左边或右边（即横向）射进来，看其花纹，明花暗底者为正面，暗花明底者为反面。而绢因织造原因，正反面区别不明显，影响也不大。绫子朝面铺正确后就用排笔蘸清水，在两头刷一段水，先

平丝

刷右手一头，宽约 15 至 20 厘米，用手指撑在绫边上，将这头小段的丝缕撑平、撑直，使绫子的经直纬正、花纹不变形，再用干净的毛巾盖在上面，先压毛巾几下以吸收绫子中的部分水分。用同样的办法再去做另一头，要求达到的效果除了与右手头一样外，还要使全段的丝缕撑得平直和拉足，整段绫子摆正而无弯曲的现象。接着用排笔把全段绫子用清水刷透。注意，此时不可将水刷到两头，以免绫子两头产生滑移现象。接着，再来着手平丝（也叫撑丝）。从一端开始，用手指（只用食指、中指和无名指的指面）很有次序地、轻轻地撑着绫子的老边，把丝缕推直撑平。此时，眼睛要注意观察绫子的经纬丝纹的滑移情况，丝缕不动，则须适量加水，以助润滑。整段绫子全都撑得平直后，用毛巾吸去部分水分，再用手指推撑一次，使绫紧贴在案面上，绷得更紧，伸得更直。在推撑时，双手上下对称用力，使绫子中间自然抻直，推撑用力过大或用力不对称都会影响绫子经纬丝纹的平直。毛巾吸水可采用拍击的方法。用双手拉住毛巾同边的两头，绷平拉直，上下来回地在绫子上拍击，手腕要自然地上下摆动。如果毛巾蓄水多了，则需要将多余的水绞去后再拍击。拍击时用力不能过大，不要将绫子击翻掀动，以免花样走形，影响质量。

（2）上浆。上浆分两步：第一步上糨糊。用浆刷把糨糊刷在绫子上（也可先用浆棍挑出糨糊放在绫绢上，再用浆刷）。为了使糨糊刷得均匀，刷糨糊时要有次序，可先横竖各刷两遍，然后斜着加刷

上浆

光浆

用排笔蘸上胶矾水均匀有序地往绢上刷

一遍，使绫子每一部位都刷得到糨糊。检查绫子上是否全部刷到糨糊，可侧着朝进光的方向看，发亮处则刷到糨糊，不亮则表示没有刷到，必须补刷。第二步光浆（又称匀浆，即把浆研均匀）。具体方法是：用棕刷从蘸浆的排笔上刮掉一些水分，理齐笔锋，使排笔前端接触绫上的糨糊，以带斜的排笔笔势，从上到下，拖一排笔翻一面，这样可使笔毛不散开，糨糊就能研均匀。来回几遍，横竖都刷，中途注意整理排笔的锋毛，使绫面上看不出刷子的印纹。然后仔细检查绫面上有无杂物和脏物，包括排笔笔锋上掉落的毛、绫子的断丝等，有的话必须挑出或剪割干净，方可上托纸。

上托纸

　　（3）上托纸。先展开事先卷好的托纸，约50厘米，朝下，托纸的右上角对准绫子的右上角，纸边对着绫边，上下对齐，右手执握着棕刷将其刷牢。接着用左手徐徐展开托纸，右手随即很有次序地用棕刷把纸刷上、刷实。刷时若出现夹皱，要及时揭起再刷平。如果一张宣纸不够绫段的长度，可随托随接。第一张宣纸刷托平后，用排笔轻轻对齐接上，双手配合将纸刷实。若需继续接，接法相同。托纸全部上完后，用棕刷有次序地进行排刷，将其刷实。排刷时，如纸的水分少，容易起毛，可稍微洒一些水花再刷。

　　（4）晾挣。绫子上好托纸后，根据不同的情况进行干燥处理。先托纸后染色的绫子，一般用晾竿挑起晾干。晾竿是小圆木杆或小竹竿，直径1厘米，长度比绫子的宽度长10厘米左右。为防止晾竿污染绫子，可在竿上卷一层白纸，或在绫子接触晾竿的部位垫一白纸条。晾时将托好的绫子挑着，平稳地悬搁起来，让挑着的绫子自然垂挂。晾干后的绫子卷好备用。二是贴画板挣晾。如果是已经染好的绫子托纸，采用贴在板上挣晾的方法来晾干。其方法

晾挣

及要领基本上与贴画芯上板相同。因为绫子一般是比较长的，贴上板时需要有人协助搭到贴板处贴上板，揭下板时，可把揭出的下半部分卷起来后再揭上半部分。揭下的绫子卷好备用。

托绢的操作方式与托绫子完全一样。其共同的要点为：一是平丝一定要正，认清绫子的正反面。二是上浆要匀，为以后提高染色创造条件。浆刷要匀，否则缺浆处托纸与绫绢间会有空壳、气泡。三是素白料要求托得干净、光洁。四是接缝虽不太宽，但宽窄需一致、整

齐。五是上托纸时要稳、准，不能反复粘、搭，使糨糊不匀，影响以后的染色质量。

3.配料：绫绢托好后，裱画师根据书画的尺寸对绫绢进行裁剪，使之在规格上相当。一般90厘米×33厘米的书画作品要裱成180厘米左右长的立轴。

4.镶覆：将托好宣纸的画芯反铺于裱画台，与托好宣纸的绫绢对齐边口，刷上糨糊，使之黏合。要镶的部分包括圈档、上下隔水、惊燕、绫小边或通天小边等。

5.校正：再次核对尺寸，对各种材料进行校正、

配料

镶覆

校正

折边

配纸

复浆

上墙

微调，使上下、左右等各部位的规格精确一致。

6.**折边**：把托好的绫绢进行折边，使边缘工整光滑。

7.**配纸**：在作品背面刷浆水，粘上覆背纸。之后，再用棕刷刷一遍，晾干。

8.**复浆**：重复上一步骤。

9.**上墙**：在作品四周刷上糨糊，上墙晾干。此次晾干历时较长，需要一个礼拜左右的时间。

10.下板：晾干后，用启笔（薄竹片）将书画作品自墙板上取下，用砑石蘸蜡后进行砑磨，使之光洁、平整、柔软。

11.镶天地头：天地头是分别位于画心上下方的绫绢部分。有"天长地短"的说法，就是裱在画上方的绫绢长度要长于画下方的绫绢长度，一般天头比地头要长20厘米。把配好料的天地头分别镶在画心两端。

12.安装：在两端安装天杆、地杆等。一般天杆较小、较轻，地杆较厚重，这样可以使作品悬挂起来的时候好看、挺括。

下板

镶天地头

安装

成轴

13.成轴：最后在天杆和地杆上分别装上轴头，这样，一幅书画作品（立轴）就装裱完成了。

绫绢装裱所需材料是画心（书画作品）、绫绢、宣纸、糨糊、木杆、轴头。所需工具为排笔、棕刷、砑石、蜡、马蹄刀、启笔、铅笔、尺等。

排笔和棕刷

排笔：托绫绢画心时，用排笔赶去气泡，使绫绢、画心平整。

棕刷：后背用棕刷排去水分，使画背面平整牢固。

蜡石

砑石：整幅画的背面打蜡，用砑石打磨，使背面光滑永久。

蜡：起到光滑、平整、保护的作用。

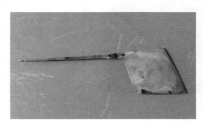

马蹄刀

马蹄刀：用于剪裁画心的工具。

铅笔：计算数字。

尺：剪裁材料和画心。

尺

双林绫绢织造技艺的传承

双林绫绢织造传承至今，与各传承基地的开拓、创新以及传承人的坚持密不可分。他们在技艺上继承优良传统，并在工序、花色、手法方面孜孜不倦地创新，获得了新的突破，使得这一传统工艺之花常开不败。

双林绫绢织造技艺的传承

[壹]传承基地

　　双林绫绢织造技艺的保护责任单位是湖州云鹤双林绫绢有限公司，前身为湖州市双林绫绢厂，始建于1958年6月。经镇政府批准报送吴兴县手工业联社审批后成立吴兴县双林镇绫绢染织厂，厂址在今双林镇虹桥港望月路，首任厂长为相敏康。建厂初期，有铁木丝织机二十五台，职工七十四人。主要生产花绫，染色以手工为主，年产量2万米左右，产值2.6万元，利润3000元，系当时全国唯一的一家自织自染的绫绢生产专业厂家。1957年8月并入双林棉毛织造厂。1961年7月，恢复双林绫绢厂，隶属吴兴县手工业联社。1966年，绫绢丝织品年产量达到14万多米。

　　"文化大革命"期间，受到极左思想的影响，双林绫绢被污蔑为"封、资、修"的黑货而横遭摧残，绫绢生产一度陷入了低谷。到1971年，全厂只有一台织机织绫，年产花绫仅13500米。1975年，时任纺织部部长顾秀莲来厂视察绫绢生产工作，绫绢生产重新受到重视，后由湖州市政府贷款50万元（贴息），投资扩建一百台织机的项目立项，并建造了西厂房。

矾绢连续上浆新工艺获1985年浙江省科学技术进步奖

矾绢连续上浆新工艺获国家轻工业部科学技术进步奖三等奖

　　党的十一届三中全会以后，改革开放的步伐不断加快，市场经济的建立使双林绫绢的生产得以迅猛发展。1978年，先后开发锦绫、重花绫、古香锦等新品种、新花色以及绢制艺术风筝。1979年，生产绫绢首次突破百万米大关，达106.58万米。1982年，又新建4000多平方米的织造、准备车间，厂房扩大到10000多平方米，添置先进EK272杭纺机二十五台，从而使丝织机总量达到一百六十五台，职工增加至五百九十多人，年产绫绢可达189万米。1985年研制成功矾绢连续上浆新工艺和机制矾绢，从此结束手工练染绫绢的历史。1986年，全厂职工有六百六十四人，固定资产600万元，生产绫绢及各类丝织品250万米，实现产值609万元，创利润132万元。1987年，开始支持和发展乡办企业，当时有莫蓉七星和长超洋东两家联营绫绢厂，培育他们以土丝生产社会所需的特殊绫绢产品，以及传统普通绫绢产品。1989年，生产绫绢196.92万米。同年3月，划归湖州市丝绸公司领导管理。1990年，生产绫绢170.6万米，总产值1878.1万元，利税79万元。时年有职工六百八十八人，固定资产500万元，拥有国产全铁丝织机二百二十二台，以及配套设备、练染设备等，淘汰手工织机和手工练染工序和工艺。1993年，双林绫绢厂成为国家中型企业和中国文房四宝协会理事单位。

经过改革开放十多年的发展壮大，至20世纪90年代，双林绫绢厂进入鼎盛时期。拥有二百五十多台丝织机及配套设备，以生产绫绢及其他丝织品、练染、上矾、托裱一条龙生产体系，自有资产1900多万元，分东、西两个厂区，占地面积18700多平方米，建筑面积达15460多平方米。具有一支能自行设计、试制产品、较高专业水平的科技队伍和管理队伍。

绫绢的花色品种上也进一步丰富，主要品种有轻花绫、重花绫、加重花绫、阔花绫、双色锦绫、画绢、耿绢、矾绢、宋锦、工艺绝缘纺等十多种；花形有云鹤、双凤、锦龙、带子凤、冰梅、竹菊、环花、绕枝花、古币、寿团、福绿寿喜、麒麟传书、龙凤呈祥等；色泽有浅米色、浅绿、青灰、浅灰、深灰、肉色、浅咖啡、古铜、茶绿、瓷青、浅仿古、中仿古等色，共有七十多个花形、色泽。各种各样的绫绢，犹如盛开的鲜花，争妍斗艳，美不胜收，并在国内外屡获殊荣，受到各界的好评。1980年，双林绫绢厂生产的H1926花绫被评为轻工业部优质产品。1983年、1987年，双林绫绢厂生产的H1926花绫、H1925矾绢连续两届被评为浙江省优秀产品。1994年，在北京召开的第五届亚太地区博览会上，双林绫绢厂生产的花绫和矾绢双双荣获国际金奖。其中云鹤牌H1926花绫被评为省、部级优质产品，H1925矾绢、B6067古香锦被评为浙江省优质产品，B6001交织锦绫被评为中国工艺美术"百花奖"产品设计二等奖，绢制艺术风筝被评为浙江省工艺美术"四新"产品二等奖，宋锦被评为湖州市质量"金牛奖"。

双林绫绢厂作为全国最大的自织、自染绫绢的专业生产厂家，除可生产绫绢系列产品外，还可生产各类纺、绉、绢等民用丝织品。

双林绫绢厂

双林绫绢厂内的展示厅

双林绫绢厂相关产品所获奖项

产品除装裱书画及制作风筝、信封、绢扇、屏风、宫灯、锦盒等系列工艺品外，还被用作宾馆、写字楼、居室、飞机内的现代装饰材料。产品畅销全国三十一个省、自治区、直辖市和香港、台湾等地区四百多家文化事业和工艺美术单位；外销美国、日本、韩国及东南亚各国等。1995年2月，双林绫绢厂注册了自己的品牌——"汉贡"商标，"汉贡"品牌在不断的发展中得到社会各界的认可。上海朵云轩赞

"汉贡"商标为浙江老字号

扬"云鹤"牌花绫"色泽花形具有民族特色和古香古色的特征,用于装裱书画,能使画面挺括、不打皱、不起翘"。北京荣宝斋称赞"云鹤"牌花绫"花色新颖,图案朴素大方,很适应装裱历史文物"。苏州民间工艺厂在装裱书画中感到"云鹤"牌花绫具有"组织细晰,有立体感,颜色沉着和耐晒"等特点。杭州西泠印社认为"云鹤"牌花绫是我国"最理想的传统裱画用绫"。我国著名画家叶浅予曾专程访问双林绫绢厂,对双林绫绢赞赏不已。双林籍著名书法家费新我则鼓励绫绢厂要为书画增光生辉。

后由于盲目扩大生产,造成管理不善,至1999年双林绫绢厂走向衰败,最后导致破产。

为使双林绫绢得以更好地保护、传承和发展,2000年11月,由郑小华等人对原湖州市绫绢厂进行资产重组,组建湖州云鹤双林绫绢有限公司,郑小华任总经理。公司现占地面积5500平方米,建筑面积6300平方米,拥有丝织机五十台及配套设备。企业现有职工六十人,年产绫绢300万米,产品畅销全国三十多个省、市、自治区的

双林绫绢相关产品所获奖项

四百多家文化书画、工艺美术单位，远销日、韩、英等国家，特别是2008年生产的传统产品大提花祥云图案绫锦织绢，受到国际奥委会和北京奥组委的认可，用于制作第29届北京奥运会、残奥会获奖证书。

多年来，湖州云鹤双林绫绢有限公司注重传统品牌的发展，90年代的"汉贡"牌绫绢的品牌被继续沿用。绫绢产品的生产发展方向趋向于高档类、精品类产品与传统产品双轨发展的模式，普遍受到广大书画爱好者的喜欢和好评，产品主要为北京故宫博物院、上海博物馆、苏州博物馆、北京荣宝斋、天津杨柳青画社等多家百年老字号提供精品双林绫绢和传统仿古绫绢。该厂生产的故宫专用绢用于印制故宫国宝级字画，作为国礼赠送给参加2008奥运会的世界

湖州云鹤双林绫绢有限公司荣获2010中国（浙江）非物质文化遗产博览会优秀参展项目证书

各地重要嘉宾，总共签订了制作10万米绫绢的合同。

湖州云鹤双林绫绢有限公司自创建以来，在省、市、区、镇各级领导和部门的关怀及重视下，着重就做好保护、发展传统文化产品双林绫绢做了大量而细致的工作，走访老艺人、老工人，询问传统手工工艺操作过程和技巧，行程三千多里。走访全国各大博物馆（院）和文化书画单位，听取意见，确定保护发展方向，着重培养新一代双林绫绢传统手工工艺艺人，开设原始手工作坊，使濒临灭绝的原始手工工艺重放光彩。挖掘原始手工工艺，研制了古花绫、古耿绢，以及故宫专用耿绢，用于制作故宫藏画，该产品已达到明、清时期的绫绢效果，对我国修补古旧字画和修复丝绸文物的保护作出了巨大的贡献，对于制作高档书画也起到了积极作用，使沉睡的"石元宝"重返双林绫绢舞台。

双林绫绢作为我省传统文化、工艺美术、宣传教育、对外进行民族传统文化和工艺美术交流的一个窗口，开设了原始手工工艺作坊的展示和演示，为弘扬中华民族传统文化，促进民族传统文化事业的繁荣发展，作出了应有的贡献。双林绫绢于2001年11月在北京被中国文房四宝协会授予"国之宝"的荣誉称号。2005年12月，被第六届中国（芜湖）国家旅游产品博览会组委会评为银奖。2007年6月，双林绫绢织造技艺被浙江省人民政府列入非物质文化遗产保护名录。2008年，第29届奥林匹克运动会组委会授予为北京2008奥运会、残奥会的文化工作作出积极贡献荣誉奖。2008年，双林绫绢织造技艺被列为第二批国家级非物质文化遗产名录。2009年6月，在浙江杭州"锦绣中华"——中国织绣精品大展中被中国非物质文化遗产保护中心、浙江省文化厅、杭州市下城区人民政府共同授予创作银奖。2009年9月，在联合国教科文组织保护非物质文化遗产政府间委员会第四次会议上，中国蚕桑丝织技艺成功入选"人类非物质文化遗产名录"，双林绫绢织造技艺是包含其中的代表性项目。2010年5月，在浙江省经济和信息化委员会第二届中国·浙

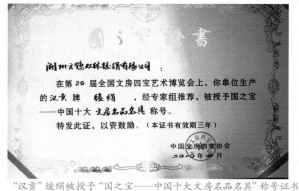

"汉贡"绫绢被授予"国之宝——中国十大文房名品名具"称号证书

江工艺美术精品博览会上荣获银奖。2010年4月，在中国文房四宝协会第25届全国文房四宝艺术博览会上被授予金奖。2010年4月，

浙江省商务厅颁布的浙江老字号

被中国文房四宝协会授予"国之宝——中国十大文房名品名具"称号。2010年11月，被中国（浙江）非物质文化遗产博览会组委会授予"非物质文化遗产优秀项目"。2010年12月，被浙江省商务厅授予"浙江老字号"荣誉称号。2011年4月，荣获2011中国（浙江）非物质文化遗产博览会上金奖。

[贰]代表性传承人

周康明（国家级传承人）

男，1948年1月出生于双林镇一个传统的绫绢小作坊家庭（红白绢坊），其祖父在1910年开始当绫绢学徒，1951年，开了一家小作坊。在周康明的印象里，小时候家里总有一股臭味，现在才知道，那是丝在煮练时散发的一种蚕胶的气味。

民国早期，绫绢的生意不错，但后来抗日战争爆发，生意受到影响，一度陷入困境。抗日战争胜利后，又逐步好转，特别是新中国

双林绫绢织造技艺国家级传承人周康明

成立后，绫绢生产发展很快。周康明说，当时白天作坊里满是石元宝操作时雷声般的震动声，就连玻璃窗都嗡嗡作响。

1956年，双林镇上的六家绫绢作坊合并成一家，成为绫绢胶坊小组（双林绫绢厂前身），地址在双林镇南郎中桥（现在的板桥小区对面），周康明家的红白绢坊就是其中一家。

周康明的父亲去世较早，所以他一直随着祖父生活。1964年，周康明初中毕业于双林中学，当时正值国家号召知识青年"上山下乡"，但由于其祖父年事已高，所以周康明幸运地接过了爷爷的工作。

1964年，周康明进入绫绢厂当学徒，学习传统的绫绢练染处理技术。1967年由于厂里改造设备，周康明成为安装绫绢机的机修工人。"文化大革命"期间，他曾多次到浙江丝绸工学院向纺织专业的老师求教，并买了丝织工艺学的大学教材书自学，从而奠定了丝织理论基础。1978年负责厂里的翻改绫绢品种、工艺管理、工人技术升级考试及开发新品种等工作。1980年研发了锦绫、古香锦，并获得了全国工艺美术创作"百花奖"。1983年曾到绫绢联营厂进行技术

周康明的B6101锦绫获湖州市政府颁发的科学技术进步奖二等奖

国家轻工业部颁发给周康明的荣誉证书

指导，为故宫博物院、上海博物馆等全国五大博物馆开发复制了4万米宋元仿古绢。1985年完成了矾绢连续上浆的新工艺项目，个人被授予省、市轻工业科技进步奖。

1999年，双林绫绢厂破产。从事绫绢工作三十六年的周康明被买断了工龄。2000年，随着市场经济的建立和发展，民营企业不断发展，绫绢织造、练染等都得到了迅速的发展，但唯独无人从事最后一道上矾工序。于是周康明又开始搞起了矾绢加工，承接了十几家绫绢厂的矾绢加工业务。

2003年，周康明的儿子周树盛也开始学习并从事矾绢生产工艺，并逐渐接手了这一事业，目前已承接了双林、善琏、含山等地十八家绫绢厂的矾绢加工业务。

2009年，周康明被评为双林绫绢织造技艺的国家级代表性传

周康明被确定为首批浙江省"优秀民间文艺人才"证书

周康明为国家级非物质文化遗产项目蚕丝织造技艺（双林绫绢织造技艺）代表性传承人证书

承人。做了一辈子绫绢织造手艺的他，对双林绫绢的发展很有信心。他认为：实行市场经济以来，双林绫绢织造技艺并没有退步，如今当地有二十多家具备一定规模的绫绢厂专业进行绫绢的练染加工，产量大约是1999年的三四倍，特别是用于商品画装裱材料的锦绫（韩绫），每年的生产量和需求量不少于800万米。周康明表示，作为双林绫绢织造技艺的国家级代表性传承人，自己对绫绢很有感情，将尽自己的力量，使双林绫绢织造技艺得到更好地保护、传承和发展。

郑小华（市级传承人）

男，湖州市南浔区双林镇人。高中文化，助理工艺美术师，无党派人士，双林镇人大代表。

郑小华1980年10月进湖州市双林绫绢厂工作，被安排在织造车间拜钟新宝师傅为师学习双林绫绢织造技艺。1982年7月，因工作需要调入双林绫绢厂练染车间工作，拜周康明为师学习练染传统手工技艺。1999年，湖州市双林绫绢厂破产。为使双林绫绢得以更好地保护、传承和发展，2000年11月，由郑小华、吴建等原绫绢厂熟悉双林绫绢生产技术的骨干职工一起筹集资金，出资收购了原湖州市双林绫绢厂，并进行了资产重组，组建湖州丝得莉双林绫绢有限公司，郑小华任总经理。2001年8月改

双林绫绢织造技艺湖州市级传承人郑小华

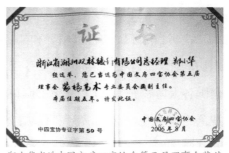
郑小华当选中国文房四宝协会第五届理事会装裱艺术专业委员会副主任证书

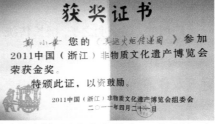
郑小华的《奥运火炬传递图》获2011中国（浙江）非物质文化遗产博览会金奖

郑小华为北京2008年奥运会、残奥会文化工作做出积极
贡献，被授予工作荣誉奖

组为湖州云鹤双林绫绢有限公司，郑小华任总经理。他任总经理以来，一直为做好非物质文化遗产项目双林绫绢织造技艺的挖掘、抢救、保护和发展而努力。

在省、市、区、镇各级领导和部门的关怀和重视下，郑小华带头走访老艺人、老工人，询问传统手工制作技艺的流程和技巧。走访全国各大博物馆（院）和文化书画单位，培养新一代双林绫绢织造技艺的传承人，开设原始手工作坊，进行展示和演示，为保护和传承双林绫绢织造技艺作出了贡献。2009年12月，他被湖州市文化广电新闻出版局评定为第一批湖州市非物质文化遗产项目双林绫绢织造技艺代表性传承人。

周树盛（周康明之子，擅长传统手工上矾）

男，生于1970年4月。1989年毕业于湖州粮油技术学校。1990年进入双林粮油厂化验室工作。2002年双林粮油厂破产，2003年开始跟父亲周康明学习矾绢生产工艺，目前已有近十年的操作经验，基本掌握了整套矾绢生产工艺，接手父亲的绫绢事业，使双林绫绢织造技艺有了新的传人。

蒋剑雄（擅长石元宝工序的操作）

男，1962年11月出生，高中文化。1979年11月，进双林绫绢厂装造车间做纹制工。1986年，调入练染车间做染色工。1999年9月，双林绫绢厂破产后回家务农。2000年11月，进入湖州云鹤双林绫绢有限公司做托裱工。

吴建（擅长织造工艺）

男，1960年11月出生，高中文化。1979年12月，进入双林绫绢厂织造车间。1985年，调入厂基建办公室。1994年，调入厂长办公室。1999年9月，双林绫绢厂破产后回家务农。2000年11月，进入湖州云鹤双林绫绢有限公司工作。

陈志麟（擅长批床工序）

男，1954年6月出生，初中文化。1972年1月，进入双林绫绢厂加工车间。1983年10月，调入供应科。1985年，调入厂基建办公室。1988年，调入厂企管科。1991年，调入厂长办公室。1999年9月，双林绫绢厂破产后回家务农。2000年11月进入湖州云鹤双林绫绢有限公司工作。

双林绫绢织造技艺的现状

在新的形势下，双林绫绢织造技艺也面临着新的挑战和机遇。好在科技为绫绢注入了新的生命力，花色品种更加丰富，市场用途得到拓展，各级政府对它的传承和发展也越来越重视。唯愿这一传统技艺有更为广阔的发展空间。

双林绫绢织造技艺的现状

　　1999年9月，双林绫绢厂倒闭破产后，部分失业工人不甘心，自己又操作起熟悉的技艺，开始了家庭小作坊式的绫绢生产，经过积累和发展，部分小作坊慢慢成长为小型企业。同时，政府也开始逐渐重视传统产业的发展，加大了支持的力度。

[壹]生产状况

　　生产主体：目前，从事绫绢生产的企业与个体家庭作坊共有四百余家，其中规模化生产的企业十八家。

　　产业工人：直接从事绫绢生产的工人有一千五百余人，其中熟练工人达70%以上。比如双林邢窑绫绢厂，有工人五十人，其中熟练技术工人近四十人。

　　织机规模：各生产者合计有织机两千余台，年产量3000万米。

　　生产技术：1999年，双林绫绢厂倒闭破产，绫绢生产又回归个体家庭作坊，传统生产技艺回归，传统的生产技艺基本得到传承，且在传统技术的基础上，双林人民运用自己的智慧，在简陋的条件下，利用现代工具对某些制作技术进行了改进与创新。双林绫绢织造技艺的国家级代表性传承人周康明，改进了矾绢连续上浆新工艺，产量从原来的每天400米增加到1500米，增加了近三倍，矾绢产量从每年不到8万米增加到50万米。

双林镇政府把绫绢作为一个产业加以培育，运用市场经济体制的作用，充分挖掘这个传统产业的市场潜力，进行保护性开发，在有计划开发的同时，注意发展绫绢产业的科技创新意识，把古老

工人在装裱绫绢

的工艺经过现代科技的再加工，从而使这一古老的传统工艺产品发扬光大，重新为世人所认识。目前，双林的多家绫绢生产企业已经开始把传统的手工生产转向机械、电子化生产。主要企业有以下几家：

双林邢窑绫绢厂

邢窑绫绢厂创办于1995年。厂主谢雪祥，1986年3月，他进入双

湖州双林邢窑绫绢厂被评为"重质量 守诚信"优秀示范单位

湖州市双林邢窑绫绢厂被评为中国诚信企业

湖州市双林邢窑绫绢厂生产的"呈祥"牌系列产品被评为中国诚信品牌

林绫绢厂学艺，后因双林绫绢厂破产前裁员而下岗创业，与妻子张惠芳于1995年7月创办邢窑绫绢厂，厂址位于双林苕南邢窑蔡家埭。建厂初期，以四台织机每天工作十六小时的效率，经过两个月的努力，迎来邢窑绫绢厂第一次机遇。香港回归祖国，由该厂提供装裱材料，江泽民亲题"香港明天更美好"的"江山万里图"卷，由北京郁文斋设计装裱制作完成。从此，邢窑绫绢厂与北京郁文斋成为长期合作伙伴，为邢窑绫绢厂争取到很多机遇。1999年6月，该厂从韩国锦绫中吸取技艺，迅速研制出独具特点的"韩锦"。这种技艺创造了绫绢生产中的国内第一，这种装裱材料因价廉物美，迅速赢得国内近一半的市场份额。同时，该厂还研制出一系列适应市场需求的仿古绫绢，深受客户好评。目前，该厂已正式注册成功"呈祥"牌绫绢商标。拥有八十五台织机，每天可织各种绫绢近8000米，有花绫、锦绫、金丝绫、宋锦、矾绢、耿绢等几十个系列产品和多种门幅供应（最大门幅达2米），品种达三百多个，还增加绫绢和宣纸结合的深加工产品生产，年产值已达千万元，产品远销港、澳、台地区以及日本、韩国、美国、马来西亚等国家。

天工绫绢制造有限公司（现改名天工绫绢厂）

天工绫绢制造有限公司是一家独资私人企业，厂主庄积强。1991年，他以2~3万元起家，当时拥有六台铁木织机，规格不大，产量也不多。1992年成功注册"天工"商标。当时各小型绫绢厂尚处于起步阶段，该厂生产的24.5号钢筘、30梭纬密、20/22和27/29双经、双纬蚕丝绫绢织品，以优良的品质、成功的营销率先打响品牌。1997年是天工绫绢厂鼎盛时期，当时拥有六十多台"杭机"、"上纺"生产的K74全铁织机和铁木织机，职工人数保持在八十五人，年产销达120万米。其主要产品有花绫、锦绫、耿绢、矾绢等，工厂还附有托裱车间、裱画车间，生产托裱中间产品，承接书画装裱业务。产品销售国内外的荣宝斋、朵云轩、西泠印社等单位，以及日本、韩国等国家和中国台湾地区。

康明绫绢厂（专业对绫绢上胶矾）

厂主周康明，出身在一个生产绫绢的小作坊世家。祖父周德财、父亲周志庄均在作坊中担任织造及绫绢的后续处理工作。周康明现年六十五岁，从小跟随祖父、父亲在绫绢作坊中生活。后来祖父在双林绫绢厂退休后，周康明顶班进厂工作，时值1964年，主要学习绫绢练染后处理技术。他曾当过织机机修工，多次到浙江丝绸工学院向专业教师学习丝织技艺。1978年参与双林绫绢新品种开发。1980年左右开发出锦绫、古香锦，获得全国工艺美术"百花奖"。后帮助乡办绫绢厂开发出宋、元仿古绢。1985年，完成矾绢连续上浆新工艺项目，个人获得浙江省科学技术进步奖。1999年，双林绫绢厂破产，市场对绫绢需求仍处旺盛状态，而绢的最后一道工序没有人做。周康明于2001年自己开始进行矾绢加工。2003年，周康明之子周树盛加入这项工作，成为第四代绫绢织造技艺传承人。周康明在2009年6月被中华人民共和国文化部正式命名为国家级非物质文化遗产项目蚕桑丝织技艺（双林绫绢织造技艺）代表性传承人。

目前，康明绫绢厂为各绫绢生产厂专业加工胶矾工艺。拥有一台机械连续上胶矾机，该机为自研、自制，长约7米，宽2.5米，高1.3米，结合丝织机、丝织物烘干机、连续传动输送、卷轴等机械特点研发而成，集织机、涂层机械、烘干为一体，至2010年底，是绫绢生产工艺中唯一一台机械连续上胶矾机。该机完全替代原来绫绢手工上胶矾工序、工艺，生产功效为100～150米／小时，适应绫绢各规格门幅，为周围近二十家绫绢厂服务。

湖州万盛绫绢练染厂

湖州万盛绫绢练染厂专业从事绫绢练染，在参考韩国生产工艺的基础上，结合自身特点开发新品种"韩锦"（涤条为经，棉纱为纬），并推进染整加工技术与装裱工艺的革新，既保留了中国传统绫绢的品质，又降低了成本，为市场提供了新品种。

湖州双林天强绫绢厂的彩色绫绢微缩报在中国杭州西湖博览会2000中国国际设计与丝绸博览会丝绸产品评比中获得金奖

湖州双林天强绫绢厂产品获第三届浙江省工艺美术精品奖优秀奖

湖州双林天强绫绢厂获第二届中国·浙江工艺美术精品博览会银奖

天强绫绢工艺品有限公司（工艺品厂）

天强绫绢工艺品有限公司，厂主莫建强夫妇，系1999年创立的民营企业。莫建强1976年进双林绫绢厂，工作努力，业务钻研，精通绫绢生产的各道工艺和工序，特别是对古代织机情有独钟。1988年参与在双林镇西竹匠湾发现的小花楼提花丝织机之修复和装造全过程。在双林绫绢厂破产前曾担任最后一任生产厂长。莫建强在双林绫绢厂工作时（1992年1月12日），曾赴中国丝绸博物馆为时任中国纺织部部长吴文英操作表演小花楼提花绫绢织机。随后，莫建强以其精湛手艺复制古代小花楼提花绫绢织机模型两台（以1:4缩小）和巨大机两台，以及古代立织机，分别被各博物馆收藏。

　　天强绫绢厂创办后，年产各种绫绢40万米，工艺画三万余幅，锦盒六万只，主要用于各类绫绢工艺画、绫绢报、绫绢封、绫绢风筝、屏风等，以及装裱各种字画。该厂属同行业中的佼佼者，除引领绫绢生产外，还研发了一系列具有科技含量的绫绢文化产品。由该公司织锦装裱的《清明上河图》获西湖博览会金奖，并成为国家主要领导人赠送外宾的礼品之一。生产的古色古香宋锦被选为国家总理办公室和人民大会堂装饰材料，生产的仿古绢被北京故宫博物院选为修复古画的专用产品。莫建强因在仿古绫绢方面有技术专长，被中国丝绸博物馆聘为"古代丝绸文化复制研究"课题组成员之一，负责装造部分，并承接了一些科研技改项目。

　　2002年，与浙江理工大学李加林教授合作"高密度全显像丝织工艺画"项目，被列为浙江省高新技术改造项目。2003年，"数码喷绘绫绢工艺画"项目被列为浙江省工艺新产品试制项目。2005年，"纳米负离子远红外线绫绢工艺画"项目又被列入浙江省新产品试制计划。2006年，申报乙烯—醋酸乙烯脂（EVA）热熔胶绫绢涂膜工艺技术创新项目。2008年，生产绫绢唐卡工艺画，使古老绫绢唐卡又一次与现代高新技术相结合，继承和发扬了绫绢文化与藏传佛教文化。

　　科技为绫绢注入了新的生命力，同时，也使企业获得了可观的经济效益和社会效益。

其他绫绢生产企业

其他绫绢生产企业还有：徐建中的建锋绫绢厂（除了织造绫绢外，还主营锦盒生产、托裱材料生产）、韩新方的双凤绫绢厂、莫蓉七星绫绢厂、镇西绫绢厂（主要生产交织双色绫绢）、吴一成的天一绫绢厂、谢国华的神笔绫绢厂等。

此外，双林镇周边的善琏镇也有一些绫绢生产企业，如：善琏顺风绫绢厂、含山绫绢厂、青云绫绢厂、春秋绫绢厂。其中较大的是善琏顺风绫绢厂和含山绫绢厂。善琏顺风绫绢厂厂主姚建明，1993年6月创办，从开始的十六台织机，发展到目前已有一百五十台织机，除上胶矾外，从牵经、翻丝、整理、练染等工艺工序一条龙生产。含山绫绢厂，负责人马志强，原是一家乡办集体企业，创办于1984年，1985年3月投产，占地13亩多，拥有织机近二百台，织工五百多人，高峰时月产绫绢近10万米。其他还有分散于家庭作坊式织机户约有四十多家，拥有绫绢织机近千台。目前仅善琏镇境内月产绫绢可达50万米。

[贰]现存问题及原因分析

一、现存问题

20世纪末，双林绫绢产业走向衰落，导致了双林绫绢从机械化生产倒退到个体分散经营的状态。顽强勤劳的双林人民不甘优秀传统产业及技艺的丧失，在艰难中重新以个体的方式陆续从事绫绢生产，把绫绢产业从几近崩溃的边缘拉了回来，技艺得以传承，产量逐渐提升。但就目前看来，仍旧存在着不少问题，制约着绫绢产业的发展。

一是硬件设施落后，内部管理不规范。多数绫绢厂的厂房落后，工业用地不规范，机器设备陈旧、简陋。有的厂区设在偏僻的农田当中，工人上班和工厂排污均存在一定的问题；有的厂区场地狭小，设备布局不合理，不符合现代生产工艺的要求；有的厂锅炉房与车间、仓库等间距过窄，存在严重的安全隐患；有的厂办公区域与生产区域混合在一起，办公条件与生产、生活条件亟须改善；内部管理亟待规范。

二是规模小而散，资金不足。从目前的十八家较具规模的生产企业来看，除了几家将绫绢生产作为辅业的丝绸企业较大外，其余单纯生产绫绢的企业均规模较小，最多的员工也不过百人，不少仍为家庭作坊形式，不但产量小，技术无革新，且抵抗市场风险的能力低，发展空间不大。加之资金缺乏，许多企业无法引进先进设备和技术并扩大生产，而现有的设备跟不上产品发展及市场的需求，无法扩大生产，亟须淘汰落后设备，提高生产效率。

三是宣传不到位，科研工作滞后。宣传推广工作力度不够，大众对绫绢缺乏认识。目前，除了在传统使用绫绢产品的行业中有一定的知名度外，普通民众并不太了解绫绢的独特文化内涵及用途，极大地限制了绫绢市场的开拓。另外，技术传承和技术革新工作相对滞后，缺乏研发资金与科研人员，大部分企业及个体户只能生产传统的绫绢产品，没有力量和技术去开发和生产新产品，产品单一，用途单一，导致绫绢创新难以突破。

除此之外，由于掌握着传统技艺的老一辈年事已高，而年轻人又都从事着与现代社会更为紧密相联的工作，所以，双林绫绢织造技艺也面临着后继乏人的问题。

二、原因分析

一是传统市场需求下降。时代的发展，使人们对传统艺术品的需求大幅下降。西方艺术品的大量涌入，部分人的眼光转向西方艺术品，而西方艺术品对绫绢的需求极小。

二是替代品出现。新产品层出不穷，特别是化纤替代品出现后，传统绫绢的市场空间遭到极大挤压，除了高端市场为了保证质量及传统韵味还有需求外，几乎失去了中低端市场。

三是本身的局限性。双林绫绢不是终端产品，它是依附在其他产品上的半成品，这一局限性导致其不能迅速适应现代社会的市场环境，生产发生困难。

四是生产企业自身的问题。企业规模普遍太小，资金及人才缺乏。科研力量严重缺乏，管理欠缺，宣传与策划明显不足。

目前，双林绫绢还有需求的市场和生存空间，但被众多因素制约着，要重振雄风，需从业者、科研人员及政府三方共同努力，促使其健康发展。

[叁]近年的新突破

在看到问题的同时，绫绢产业也取得了一些进展和突破，主要体现在以下几个方面：

一、花色品种更加丰富

传统的绫绢花色品种丰富。品种有轻花绫、重花绫、加重花绫、阔花绫、双色花绫、阔锦绫、双色锦绫、画绢、耿绢、矾绢、宋锦、工艺绝缘纺等十多种；花形有支鹤、双凤、锦龙、带子凤、冰梅、竹菊、环花、绕枝花、古币、寿团、福禄寿喜、麒麟传书、龙凤呈祥等；色泽有浅米色、浅绿、青灰、浅灰、深灰、肉色、浅咖啡、古铜、茶绿、瓷青、浅仿古等色，共有七十多个花形、色泽。

目前，又进一步开发出新的画绢、阔花绫、双色花绫等绫绢品种十多个，推出绫绢明信片、绫绢报纸、绫绢请帖、绫绢邮票等各类绫绢艺术品。

另外，湖州云鹤双林绫绢有限公司的产品除了用于装裱字画、绘画、书写等系列工艺品外，近几年经开发被广泛用于史书装帧、印刷古字画和报刊、家庭室内现代装饰等方面。湖州万盛绫绢厂开发有韩国绢、金丝绫和修复明代以来各个时期古画上用的花绫、板绫的古绫等几十个系列产品。

二、市场用途不断拓展

双林绫绢畅销全国三十一个省、自治区、直辖市四百多个文化、书画、工艺、美术、外贸、旅游等单位。并出口中国香港、台湾地区和日本、韩国、美国及东南亚等国家，受到海内外客户的好评。

跨入新世纪后，双林绫绢生产企业更彰显其灵活性，以新思路、新眼光、新认识，主动寻找市场需求，不断开发新产品，拓展新用途。

云鹤双林绫绢有限公司根据复制古旧书画的需求，研发出了新产品耿绢，北京故宫博物院采用此新产品复制了深藏在院内的数千幅古旧字画，使得双林绫绢这一古代贡品走进了北京奥运，成为国礼赠送给来自世界各地的重要贵宾。"云鹤"牌祥云图案的绫绢作为奥运会冠、亚、季军和获奖运动员的获奖证书封面裱封，使用总量达15000米。

双林天强绫绢工艺品厂则利用高密度全像丝织技术和喷绘技术，研制出丝绸版的《清明上河图》、《兰亭序》、《五牛图》等，产品供不应求。

双林天工绫绢厂生产出了绫绢邮票。为纪念中阿建交五十周年，中国代表团赴阿富汗随行所带的国礼中，就有一份特别的礼品——两万枚丝绸邮票及二十枚精致丝织小型张，其托片全部由双林绫绢制成。

湖州市双林邢窑绫绢厂，将绫绢大量应用于中国古代典籍《四库全书》的四封装裱，以及解放军军官聘书的封面制作材料等。

三、传承发展得到重视

近年来，国家、省、市各级部门开始重视传统文化产业的发展，地方政府逐渐认识到双林绫绢的经济和文化价值，保护、开发与传承意识增强，绫绢产业有了新的机遇。各级政府也在传统非物质文化遗产的保护与开发方面积极行动，在保证其生产的前提下，力图将整个绫绢产业做大做强，恢复昔日荣光，在经济、文化等方面作出更大贡献。

2008年，双林绫绢织造技艺被列入第二批国家级非物质文化遗产名录。

湖州市将湖州天强绫绢工艺品厂的"高密度全显像丝织工艺品画"列入湖州市技改项目，予以资金和政策上的支持。

2010年，为加强对双林绫绢织造技艺的保护，南浔区建成双林绫绢织造技艺传承基地。在市、区政府相关部门的支持下，作为保护单位的湖州云鹤双林绫绢有限公司，在厂区内腾出300平米的用地，建立双林绫绢织造技艺的传承基地，将保护和传承落到实处。

双林镇政府把绫绢产业与文化产业、旅游产业的发展结合起来，充分利用双林深厚文化底蕴来做文章，将有着几千年历史的绫绢打造成双林旅游文化的名片。扶持双林绫绢产业的发展，加大对双林绫绢的宣传力度，建设双林绫绢市场，努力打造具有全国影响的绫绢市场。在旅游开发上，发挥双林的书画文化特色，营造双林旅游产业的特点和优势，将之融入湖州（南浔）一带的旅游圈，走互融互补的产业结合发展路子，使双林绫绢有更为广阔的发展空间。

[肆]发展建议及保护措施

目前，中国传统艺术品市场正在悄然崛起，绫绢需求相应增加，市场出现了良好的势头。双林绫绢人应该抓住机遇，研发新品种，开拓新功能，争取更大的发展空间。由于绫绢自身存在着一定的缺陷，想重现辉煌，有较大的难度。但事在人为，仍需协同整合各方力量共同为之努力，发展好双林绫绢事业。笔者认为，应在以下几个方面进行努力：

1.成立绫绢产业协会，与同行业加强合作，增强整体力量，增加竞争力。

2.加大市场的开拓，在巩固和扩大原有市场的基础上，积极开拓可能的市场资源，寻求新的发展空间。

3.积极引进企业所需的各类专业人才，加强企业的业务水平与管理能力，科学管理，提升综合实力。

4.进一步加大企业内部技术工人的培养，积极做好传承人的培养工作。将专业技术人员精细化，努力增加工人待遇，提高工人生产积极性，鼓励工人进行技术创新。

5.加大技术研发的投入，积极与高校和科研单位合作，进行技术创新，提高产品的科技含量。

6.积极引进先进的技术与设备，进行工业化数字化改造，提高质量，降低成本。

7.加强与政府合作，共同做好非物质文化遗产的保护、传承、发展与创新。

8.加强生产环境建设，为工人及工厂营造良好的工作、生产与生活环境。

附录: 双林绫绢的优秀作品

　　跨入21世纪后, 双林绫绢生产企业, 为适合市场需求, 积极开发新型产品, 优秀作品如雨后春笋般不断涌现。现将部分优秀作品介绍如下:

北京奥运会获奖证书

　　2007年1月, 经故宫博物院介绍, 北京奥组委邀请双林云鹤绫绢有限公司提供绫绢样品。奥组委对样品十分满意, 确定使用"云鹤"牌祥云图案绫绢作为奥运会冠、亚、季军和获奖运动员的获奖证书封面裱封, 并签下了15000米的订单。

奥运会证书绫绢裱封

奥运火炬接力图

《人民日报》号外——北京申奥成功丝织珍藏版20000套收藏证书

中阿建交五十周年纪念邮票

为纪念中国与阿富汗建交五十周年，由中国国家邮政局邮票印制局在北京为阿富汗邮政印制的这枚小型张，是新中国成立半个多世纪以来印制的首枚以丝绸为材料的邮票。左边是中国国旗和嘉峪关长城的图案，右边是阿富汗国旗和古城堡图案。邮票上方和下方分别用普什图文、中文和英文印着"中华人民共和国——阿富汗伊斯兰共和国建交50周年"和"丝绸之路"字样。小型张的四角饰

中阿建交五十周年纪念邮票

有中国汉代图案，背景是两峰相向而行的骆驼。2005年，中国代表团赴阿富汗，代表团随行带了两万枚丝绸邮票及二十枚精致丝织小型张作为国礼送给阿富汗，其托片全部由双林绫绢制成。

《清明上河图》

卷长：380厘米　宽度：28厘米

北宋画家张择端的《清明上河图》经绫绢装裱后由中国丝绸博物馆、中国历史博物馆、中国国家博物馆、故宫博物院等收藏，还在北京人民大会堂展出，江泽民等党和国家领导人前来观赏。

绫绢装裱的《清明上河图》（局部）

1999年，在北京人民大会堂举行丝织品《清明上河图》新闻发布会。

《富春山居图》

卷长：460厘米　宽度：28厘米

此作品是元代书画大师黄公望（1269—1354）脍炙人口的一幅作品，世传乃黄公望画作之冠。该画将富春江两岸数百里精粹聚于笔底，满纸空灵透逸，笔简意远，被誉为"画中之兰亭"。现存世的《富春山居图》已一分为二，前段《剩山图》珍藏于浙江省博物馆，后段《无用师卷》珍藏于台北故宫博物院。

绫绢装裱的《富春山居图》（局部）

2001年，在全国国企改革与技术创新成果展览会上，朱镕基总理曾观赏浙江展厅展示的丝织品《富春山居图》。

《五牛图》

卷长：206厘米　宽度：29厘米

此作品由唐代画家韩滉所作，是中国十大传世名画之一，北京故宫博物院馆藏珍品。它是现存中国美术史上最早的纸本绘画作品，纸为麻料制作。画中五只不同形态的牛，从不同的角度表现了牛的生活形态和习性，结构标准，造型生动，形貌真切。

其他的优秀作品还有绫绢明信片、绫绢报纸，湖州市双林邢窑绫绢厂对中国古代典籍《四库全书》的四封装裱等。

故宫专用仿明清古绫

经绫绢装裱后的四大名著

《钦定四库全书》绫绢装裱

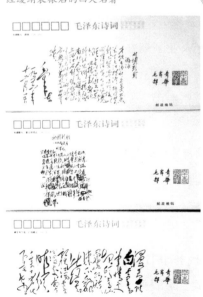

绫绢信封

绫绢装裱后的贲新我书画作品

主要参考文献

1. 《湖州丝绸志》，湖州丝绸编纂委员会，海南出版社，1998年。

2. 《湖州特产志》，湖州市郊区农业区划办公室，湖州市郊区科学技术委员会编，1985年。

3. 《教您学书画装裱》，薛星、靳振中、马贵觉编著，山西科学技术出版社，2007年。

4. 《中国传统工艺全集》，路甬祥主编，大象出版社，2005年。

5. 《双林人文史话》，张志良编著，方志出版社，2005年。

6. 《人文双林》，徐建新、潘梦来编著，香港天马出版社，2005年。

7. 《双林镇志》，蔡蓉升编撰，商务印书馆，1917年。

8. 《双林古桥老屋》，金国梁、鲍明梁编著，香港天马出版社，2006年。

143

9. 新版《双林镇志》(初稿本), 双林镇志办。

10. 明成化版《湖州府志》、宋嘉泰版《吴兴志》、清光绪版《归安县志》、现代朱从亮版《吴兴县志》。

11. 《利用高新技术提升传统绫绢工艺画的尝试》, 莫建强、潘华新, 第六届全国丝绸创新及产品开发论坛, 2003年。

12. 《双林绫绢》, 载《文汇报》, 2003年10月22日。

13. 《湖州绫绢放异彩》, 载《人民日报》, 1979年7月19日。

14. 《双林绫绢生产技艺和花色品种》, 陈海林, 载《丝绸》1989年第12期。

15. 《双林绫绢》, 陈海林, 载《湖州文史》第二辑, 1985年。

16. 《促进绫绢发展 再展文化辉煌——民盟南浔支部关于双林绫绢发展的建议》, 韩素真等, 南浔区政协会议提案。

后 记

　　双林绫绢历史悠久，工艺绝伦，向来以质地柔软、色泽光亮闻名，因用纯桑蚕丝织制而成，又有"凤羽"之美称。尽管双林绫绢声名在外，但迄今尚未有系统记述绫绢的专著出版，作为国家级非物质文化遗产项目，出版此书确实很有必要。

　　要全面解读双林绫绢的深厚文化内涵，系统展示绫绢的织造技艺并非易事。首先是资料匮乏。尽管介绍双林绫绢的文章不在少数，关于绫绢的相关记载亦散见于各种历史文献，但有的内容重复，有的语焉不详，有的还存在讹误，至于描述绫绢织造技艺的材料更是一片空白，缺乏系统性和完整性，要写成六万字左右的专著，难度可想而知。其次是时间紧张。从接受此书的写作任务，到定稿交付出版社审稿，总共才三个月的时间，资料收集、现场采访、排定框架、拍摄照片、编写撰稿、文图统筹等一系列的工作，全部都要在这不到一百天的时间内完成，可谓时间紧、任务重，对没有太多原始素材积累的编者而言确实是个不小的考验。第三是经验缺乏。此书的编者多为年轻人，缺乏相关经验，且并非绫绢从业人员，对绫绢的认识还不够深入，所以涉及绫绢织造技艺的一些专业性问题时只能向从业者请教，而欲将技艺的术语和口语转化成文字需要反复加工，这也增加了工作量和难度。

在编写本书三个月的时间中，正值一年中最为酷热的盛夏季节，真有些"抢收、抢种"的味道。编写组成员白天深入双林的各个绫绢生产企业，现场采访、拍照，记录绫绢织造的主要工序和具体过程，晚上加班加点将其整理成文字，之后再请传承人审核把关，并反复向相关专家和业内人士请益求教，从而确保材料的原真性和权威性。可以说，此书是双林绫绢织造技艺的第一手资料。

在此书编写的过程中，我们还得到了许多单位和个人的大力支持和热情帮助，他们是双林镇人民政府、双林镇宣传文化中心、双林镇志办、双林云鹤绫绢厂、双林邢窑绫绢厂、天工绫绢制造有限公司，以及高究、周康明、郑小华、莫建强、谢雪祥、蒋剑雄、吴建、陈志麟、沈林江、盛新钱、钱志远、周凯……另外，浙江省非物质文化遗产保护专家委员、中国美术学院王其全教授对本书进行认真的审读，提出了很多改进意见，在此，我们表示衷心感谢。没有他们的支持，就没有这本书的诞生。应该说，此书是大家共同努力的成果。

需要说明的是，由于双林绫绢的材料不多，书中引用了部分专家学者公开发表的文章和历史文献，在参考文献中已经注明，在此再次鸣谢。书中引用的老照片也注明了来源与出处，新的照片则大多由胡韵同志拍摄或翻拍。因编者水平有限，书中的错误和不足之处在所难免，还望各界专家和学者批评指正，也希望这本书能为后来的研究者提供一些基础性的素材。

编者

2012年9月

本书编委会名单

主　　任　钱红梅

副 主 任　巩　林　彭　琳

编　　委　孙　琳　吴寅华　陆　剑
　　　　　金国梁　宋玉龙　胡　韵
　　　　　倪连坤　韩素真　谢　忠

责任编辑：方　妍
装帧设计：任惠安
责任校对：王　莉
责任印制：朱圣学

装帧顾问：张　望

图书在版编目（ＣＩＰ）数据

双林绫绢织造技艺 / 孙琳，陆剑编著. — 杭州：
浙江摄影出版社，2014.1（2023.1重印）
（浙江省非物质文化遗产代表作丛书 / 金兴盛主编）
ISBN 978-7-5514-0506-5

Ⅰ.①双… Ⅱ.①孙… ②陆… Ⅲ.①乡镇—绢—民
间工艺—介绍—湖州市 Ⅳ.①J528.3

中国版本图书馆CIP数据核字（2013）第280156号

双林绫绢织造技艺
孙　琳　陆　剑　编著

全国百佳图书出版单位
浙江摄影出版社出版发行
　　　　地址：杭州市体育场路347号
　　　　邮编：310006
　　　　网址：www.photo.zjcb.com
经销：全国新华书店
制版：浙江新华图文制作有限公司
印刷：廊坊市印艺阁数字科技有限公司
开本：960mm×1270mm　1/32
印张：5
2014年1月第1版　　2023年1月第2次印刷
ISBN 978-7-5514-0506-5
定价：40.00元